无障碍阅读　精美插图　名师点评

U0628163

中国青少年必读名著

森林报·夏

[苏] 比安基◎著　焦庆锋◎编

彩色美绘版

黄河出版传媒集团
宁夏人民出版社

图书在版编目（CIP）数据

森林报 . 夏 /（苏）比安基著；焦庆锋编 . — 银川：
宁夏人民出版社，2015.11（2020.1 重印）
（中国青少年必读名著）

ISBN 978-7-227-06131-1

Ⅰ.①森… Ⅱ.①比… ②焦… Ⅲ.①森林－青少年
读物 Ⅳ.① S7-49

中国版本图书馆 CIP 数据核字（2015）第 259070 号

中国青少年必读名著

森林报·夏　　　　　[苏] 比安基　著　焦庆锋　编

责任编辑　闫金萍
封面设计　焦庆锋
责任印制　肖　艳

黄河出版传媒集团
宁夏人民出版社　出版发行

地　　　址　银川市北京东路 139 号出版大厦（750001）
网　　　址　http://www.yrpubm.com
网上书店　http://www.hh-book.com
电子信箱　renminshe@yrpubm.com
邮购电话　0951-5052104
经　　　销　全国新华书店
印刷装订　三河市恒彩印务有限公司
印刷委托书号　（宁）0002434

开　　本　640mm×920mm　1/16
印　　张　12
字　　数　140 千字
印　　数　6000 册
版　　次　2015 年 11 月第 1 版
印　　次　2020 年 1 月第 2 次印刷
书　　号　ISBN 978-7-227-06131-1/S·352

定　　价　19.80 元

世界名著是人类文化艺术发展道路上的丰碑，它以生生不息的思想力量、经久不衰的语言魅力深深地打动着一代又一代的读者。对于青少年而言，大量阅读文学名著，是行之有效的阅读行为。文学名著凭借超拔的构思、动人的故事、隽永的语言，实现了文学大家对自然与人类社会不凡的理解和想象。沉浸其中，会让你成为一个对事物有通达理解的人，一个个性健康、感情充沛、志趣高尚的人。总而言之，读名著对提高你的智商与情商都有莫大的好处。

为了系统的向广大青少年传递世界名著精华，我们精心组织编写了这套《中国青少年必读名著》。我们从浩瀚的知识海洋中，撷取精华，汇聚经典，将最受世界青少年青睐的作品奉献给大家。该系列丛书会给读者朋友们打开一扇心灵的窗户，让读者朋友们在知识的天地里遨游和畅想，为青少年朋友们搭建一架智慧的天梯，让大家在知识的时空中探幽寻秘。本套丛书内容健康、有益，紧扣中学生语文课标，集经典性、知识性、实用性、趣味性于一体。我们精选的这些名著都经历了历史与时间的检验，是公认的最具杰出思想内涵或文学艺术品位的名著，是一份可以让广大青少年朋友品味人类知识精华的大餐。

由于编纂时间仓促，加之编者水平有限，编写过程中难免出现纰漏，还望广大读者批评指正。

阅读导航 ➤➤➤

中国青少年必读名著

集体农庄生活

名家导读

人和大自然是分不开的，所以我们人类和大自然要和谐相处。那么，这样的生活场面会是什么样子呢？我们一起去这个集体农庄感受一下吧！

【环境描写】
开花的黑麦、散步的田公鸡一家，这样和谐的场景，让我们感受到了大自然的美好与安静。

黑麦长得比人还高，已经开花了，一只田公鸡（山鹑）在那里面散步，好像在树林里似的。雄山鹑还带着它的雌山鹑，后面跟着它们的小娃娃，像些小黄球似的，滚呀滚的——原来小山鹑已经解出来了，而且从巢里跑出来了。

集体农庄庄员们在忙着割草。有的地方用镰刀割，有的地方用割草机割。割草机在草场上驶过，挥动着光秃秃的翅膀。芬芳多汁的高高的牧草，在它后面倒下来，一行一行，笔笔直直的，整齐极了。

菜园里的畦垄上，绿油油的葱长高了。孩子们正在那里拔葱。

【直接描写】
草莓、黑莓果等都成熟了，想吃什么就吃什么，说明这里果子种类非常多，非常可口。

女孩子们和男孩子们一块去采浆果。这月初，在小山冈向阳的斜坡上，甜甜的草莓熟了。现在正是草莓结得最多的时候。林里的黑莓果也快熟了，覆盆子也快熟了。在林中长满苔藓的沼泽地里，有一包籽儿的桑葚钩子，从白色变成了红色，又从红色变成了金黄色。你爱吃什么样的浆果，就采什么样的浆果吧！

孩子们还想多采一些，可是家里的活儿还忙不过来

42

网内的腐肉带走

用绳子把虾网系在长竿的一端，人站在河岸上，把虾网浸到水底。虾多的地方，就会有很多虾钻进网子里。

还有一些提虾的方法，不过最简单的方法是在水浅的地方找到虾洞，用手提住虾的背，把它从虾洞里拖出来。有时候，会被虾卡住手指头。这时候不要害怕，不然就会松手让虾溜之大吉了。

如果随身带一口小锅，还有葱、姜和盐，可以在逮住虾后在岸上煮开一锅水，把虾放进锅里拌上调味来吃。

在暖和的夏夜，如果在小河或湖边的篝火旁吃虾，那味道，那意境，一定美极了！

【场面描写】在篝火旁边吃着美味的虾，虽然是想象，但是依然让我们感觉到这个场面非常的美好。

名家点评

这篇文章给我们介绍了鱼儿和虾的一些特性及捕捉它们的方法。大自然里的事物丰富多彩，各有特点。我们要向这位小科学家学习，善于观察大自然，发现大自然。

1. 鱼儿和天气之间有怎样的联系？
2. 文章中讲述的捉鱼的方法是怎样的呢？
3. 你知道虾的生活习性是什么样的吗？

名家点评

每节故事后，都有名师对这节关键内容进行剖析，对精彩内容进行点评，让读者产生共鸣。

拓展训练

读过每一章的故事之后，我们不妨在思维拓展的问答题之下回味这一章精彩的瞬间。

阅读导航

森林报·夏

第 4 期 鸟儿筑巢月

森林报·夏

第 5 期　雏鸟出世月

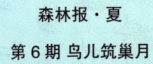

森林报·夏

第6期 鸟儿筑巢月

NO. 1

森林报·夏
第 4 期 鸟儿筑巢月

6 月 21 日到 7 月 20 日　太阳进入巨蟹宫

一年：分作 12 个月的太阳诗篇

名家导读

　　《森林报》是一部关于大自然四季变化的百科全书。当今，我们对于大自然已经越来越陌生，缺乏最基本的认识，这部《森林报》会让居住在钢筋水泥中的我们重新认识、反省自己。

　　6 月——蔷薇花开，候鸟搬完了家，夏天开始了。现在的白昼最长；在遥远的北方，完全没有黑夜了——太阳 24 个小时都在天上。在潮湿的草地上，花儿越来越富于阳光的色彩——金凤花、立金花、毛茛什么的，把草地染得一片金黄。

延伸思考

【正面描写】六月蔷薇花开、夏天来到、彩色的阳光等等，写出了大自然的变化，映衬出大自然的美妙。

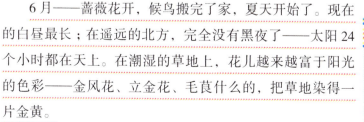

在这段日子里，人们采集有药用价值的草、茎和根，以备在突然患病的时候，把贮存在它们身体里的太阳的生命力，移到自己身上来。

一年之中最长的一天——6 月 22 日——夏至过去了。

从这一天起，白昼开始缩短，缩短的速度慢极了，跟春天光明增加的速度一样慢——不过还是显得挺快！民间说："夏天的头顶已经从篱笆缝里露出来了……"

所有的鸣禽都有了自己的巢，所有的巢里都有了蛋——什么颜色的都有！娇弱的小生命从薄薄的蛋壳下透露出来了。

延伸思考
【细节描写】鸣禽有了自己的家，新生命破壳而出，无不透露出夏天的生机和大自然的多姿多彩。

名|家|点|评

生活在钢筋、水泥的世界里久了，让我们忘却了大自然的美好。通过这篇文章，希望可以让人类重温大自然的纯净和美好。

拓展训练

1. 夏至有什么特点？

2. 夏季，是一个怎样的季节？

3. 从文章中哪些地方可以体现出大自然的美好？

动物们的住处

名家导读

在美丽的大自然中，生活着各种各样的小动物。那么这些小动物生活在哪里，他们的房子是怎样的呢？让我们一起走进它们的家园吧。

到了孵化小鸟的季节，森林里的动物们开始辛勤地劳作，建造自己的房子。

我们《森林报》的通讯员要去看一看，那些飞禽、猛兽、鱼儿和小昆虫都住在什么地方呢？它们是怎样生活的。

特别的房子

现在的森林，到处都是动物们的房子，再也找不到空地了。陆地上、地底下、水上、水下、树枝上、树干里、草丛中、半空中，全都住满了。

黄鹂的房子建在半空中。黄鹂用大麻、草茎和毛发，编成像篮子式的房子，把它挂在很高的白桦树的树枝上。小篮子里放着黄鹂鸟的蛋。这太不可思议了，不管树枝怎么摇晃，鸟蛋都不会掉下来。

把房子建在草丛里的，有百灵鸟、林鹨（liù）、鹀（wú）和许多别的鸟类。我们的通讯员非常喜欢柳莺，尤其是它的窝棚，那是用干草和青苔搭建而成的，上面有个盖

延伸思考

【直接描写】森林里，不管是陆地上还是水里或者其它的地方，到处都是动物的家，说明森林里动物种类繁多，并且每种动物都有自己特定的生活场所。

延伸思考

【细节描写】不论树枝怎样摇晃，黄鹂的房子也不会掉下来。通过这一细节，说明黄鹂建造的房子很符合它们生活的特点。

子，出入口留在侧面。

还有把房子建在树洞里的，有飞鼠（松鼠的一种，脚趾间有薄膜）、木蠹（dù）曲、小蠹虫、山雀、椋鸟、猫头鹰、啄木鸟和其他的鸟类。

鼹鼠、田鼠、獾、灰沙燕、翠鸟和各种各样的虫儿，都把房子建在地底下。

䴙䴘（pì tī）是一种潜鸟。它的巢浮在水面上，是用沼泽里的水草、芦苇和水藻堆积成的。䴙䴘就住在这个巢里，可以到处去玩，好像是乘坐小船一样。

把房子建在了水底下的这两个小家伙，是河榧（fěi）子和银色水蜘蛛。

延伸思考

【直接描写】䴙䴘鸟的家浮在水面上，它还可以带着家到处玩，写出了䴙䴘鸟的巢的特点，同时也激发了读者的兴趣。

谁的住宅最好

我们《森林报》的通讯员想找到一处最好的住宅，可是，要找到最好的，并不是一件容易的事。

雕的窝最大，是用粗树枝建成的，建在又高又大的松树上。

戴菊鸟的窝最小，整个窝只有小拳头那么大，因为戴菊鸟的身子比蜻蜓还要小，能容下自己就行了。

田鼠的住宅盖得很巧妙，有许多前门、后门和太平门，这样的话，很少有人能在洞里捉住它。

卷叶象鼻虫的住宅很精致。卷叶象鼻虫是一种甲虫，它有着长长的嘴巴，喜欢把白桦树叶的叶脉咬去，然后等叶子开始枯黄的时候，把叶子卷成筒，雌卷叶象鼻虫就在这个筒里产卵。

【举例子】作者介绍了几种动物的家，各有各的特点，很难找到最好的。说明这些动物很聪明，也说明我们这个大自然很丰富多彩。

欧夜莺的窝很简单，它们把蛋下在树底下枯叶堆里的小洼坑里，对于这种住宅，是不需要下力气去打造的。

反舌鸟的住宅很漂亮，它们把家建在白桦树枝上，用苔藓和轻巧的白桦树皮包装起来。它还在一座别墅的花园里，捡到人们丢在那里的彩色纸片，然后也装饰在自己的窝上。

【直接描写】
由苔藓和白桦树皮构成的家，再加上彩色纸片的装饰，更加突出了反舌鸟的窝非常漂亮。

山雀的小窝最舒服，它的窝，里面用绒毛、羽毛和兽毛编制，外面用苔藓造就。整个窝是圆的，像小南瓜似的，在窝的正当中，有个小圆门。

河榧子的住宅很轻便。河榧子是有翅膀的昆虫，它们停下来的时候，会把翅膀收拢，盖在脊背上，但是没有遮没全身。它们的幼虫还没有翅膀，全身很光滑。它们住在小河和小溪的底上。河榧子的幼虫往往会找一根细枝或者一片芦苇，把一个沙泥小圆筒粘在那里，就爬进去。这样看起来很方便，也可以在里面安安静静地睡上一觉，很少有人会打搅到它们。若想换地方，它们就会伸出前脚，背着小房子在河底爬。而有一种河榧子的幼虫，在找到落到河底的香烟嘴时，会爬进去，在水的浮力下可以到处旅行。

【细节描写】
蜘蛛利用自身的特点，可以让自己生活在有空气的房子里。突出了蜘蛛的房子很奇特。

银色水蜘蛛的房子很奇怪。水蜘蛛住在水底，在水草间结上一张蜘蛛网，然后用肚皮从水面上带来一些气泡。水蜘蛛可以住在这种有空气的房子里。

还有谁会做巢

我们的通讯员还找到了鱼的巢和野鼠的巢。

棘鱼为自己造了个地地道道的巢。造巢的工作由雄棘鱼来做。它造巢的时候，只捡那些分量重的草茎，这种草茎就是用嘴从河底衔到上面去，也不会漂浮的。雄棘鱼用草茎造墙壁和天花板，用唾液把它们粘牢，再用苔藓塞上一个个小窟窿。它在巢的墙上开两扇门。

小老鼠的巢完全跟鸟巢一样，是用草叶和撕得细细的草茎编成的。它的巢架在圆柏树的树枝上，离地大约有两米高。

建造房子用什么材料

在森林里，动物们用不同的材料建造自己的房子。

歌声优美的鸫（dǒng）鸟建的巢是圆的，这是它们用烂木头的透明胶状物，涂在内壁上建的。

家燕和小乌鸦的巢是用泥巴做的，它们用自己的唾液，把一些细枝条粘接起来，非常的牢固。

黑头莺的巢是用细树枝搭起来的，它还利用蜘蛛网把这些细树枝粘牢。蜘蛛网是又黏又轻的那种。

䴓（shī）是一种奇特的小鸟，它可以头朝下，在挺直的树干上来回跑动。它住在开口比较大的树洞里。为了防止松鼠闯进来，它就用黏泥把洞口封起来，只留一个自己能够挤进挤出的小口。

翠鸟造的巢是最有趣的。它背部的羽毛是翠蓝色的，腹部是棕色的。它在河岸上挖一个比较深的洞，在自己小房子的地面上铺一层很细的鱼刺儿，于是，它便有了一张非常舒服的床垫子。

寄居别人的家

有一些动物不愿意为自己建家，它们就去霸占别人的家了。

杜鹃喜欢把它的蛋产在鹡鸰（jī líng）、夜莺、山雀和其他善于持家的小鸟的家里。

黑勾嘴鹬，会找到一个旧的乌鸦巢，在那里孵自己的幼崽。

鮈鱼喜欢住被螃蟹遗弃的蟹洞，然后就在里面安家落户。

麻雀的手段很狡猾，它们把家建在屋檐下，不过被孩子们扒掉了；它们把家建在树洞里，又被伶鼬连蛋也拖走了。它们便把自己的家建在雕的家附近。现在，它们终于可以安稳地过日子了。大雕对这个小家伙根本不屑一顾，无论是伶鼬，还是猫咪，或者是小孩子们，都不敢来捣毁麻雀的新家，因为它们害怕雕啊！

延伸思考
【细节描写】麻雀为了保护自己，就把家建在雕的家附近。说明麻雀很聪明、狡猾。

大公寓

森林里也有大公寓。

蜜蜂、黄蜂、丸花蜂和蚂蚁造的住宅，可以住下成百成千的房客。

秃鼻乌鸦占据果木园、小树林，作为自己的移民区，在那里，许多许多巢聚集在一起。鸥占据了沼泽、沙岛和

延伸思考
【侧面描写】蜜蜂、黄蜂等这些小动物的家，可以容下成千上万的"房客"，生动形象地说明了他们的家非常大。

浅滩；灰沙燕在陡峭的河岸上凿了无数小洞，把河岸搞得像个筛子似的。

窝里有哪些东西

鸟巢里都有蛋，但是这些鸟蛋都不一样。

不同的鸟产的蛋也不同，这是有根据的，不是乱说。比如勾嘴鹬的蛋上面有许多的小斑点；歪脖鸟的蛋的颜色是白色的，还带有一点粉红色。

鸟儿们产蛋很会找地方。歪脖鸟在又黑又深的树洞里产蛋，别人是不会发现的。勾嘴鹬就不同了，它把蛋直接产在草墩子上，在外面暴露着。如果蛋是白色的，别人会很容易发现的。现在，蛋的颜色与草墩的颜色一样，在你没有发现它们时，就踩到上面了。

野鸭的巢筑在草墩子上，它产下的蛋大多是白颜色的，也没有其他的东西盖着。所以野鸭给自己留了一手，就是每当离开巢的时候，都会把身上的绒毛啄下来，小心地盖在蛋上面。这样别人就不会发现了。

为什么勾嘴鹬产下的蛋有一头很尖，而猛禽兀鹰产下的蛋却是圆的呢？

其实这个道理很简单：勾嘴鹬是一种体形较小的鸟，只有兀鹰的五分之一那样大。可是勾嘴鹬的蛋比较大，蛋的一头是尖尖的，把这些蛋的小头对着小头，紧紧挨着，占的地方就比较小。如果不这样的话，在孵蛋的时候，勾嘴鹬小小的身子是盖不住蛋的。

很奇怪，为什么小小的勾嘴鹬产下的蛋，却和兀鹰的

延伸思考

【做比较】通过描写几种鸟产蛋的地方不同，展现出各种鸟独有的特点。再一次展现出大自然的奇妙。

延伸思考

【过渡段】此处运用疑问句式，加强语气，引起下文。同时激发了读者的兴趣。

蛋大小差不多呢？

对于这个问题，等到雏鸟出壳的时候，我们会在下一期的《森林报》里回答。

名|家|点|评

这篇文章描述了动物的家园以及它们怎样建造家园等等。让我们感受到，在大自然里，不仅仅有聪明的人类，还有非常聪慧的小动物们。大自然真的太美妙了！

拓展训练

1. 小动物的家园有什么特点？

2. 麻雀将它的家安在哪儿？

3. 为什么说鸟儿产蛋很会找地方？

林中大事记

名家导读

　　森林里生活着各种小动物，当读者看到这个题目的时候，肯定会想到：在这个大森林里，会有什么样的事情发生呢？我们一起来看看吧。

狐狸撵走了老獾

　　狐狸家里出大事了，洞顶塌了，差一点儿把小狐狸压死。狐狸可生气了，非得搬家不可！

　　狐狸到獾家里去了。獾有一个出色的洞穴，这个洞穴是它自己挖的。狐狸对这个洞穴很满意，再看看里面，分叉一道又一道，敌人也不会轻易侵入。况且獾的洞很大，可以住下两家子。狐狸便要求和獾一起住，谁知，獾毫不留情地拒绝了它。

　　狐狸很生气，它仔细地了解了獾的习性。原来獾比较爱干净，爱整齐，哪儿脏一点它都会很难受，何况和一个有孩子的一家人同住呢！

　　狐狸被獾赶出去以后，躲到树林里去了。它趴在草丛中，静静地望着獾的洞口。

　　獾从洞里探出头来张望了一下，看到狐狸走了，才放心地爬出洞，到森林里去找蜗牛吃。

延伸思考

【直接描写】通过这段话的描写，写明了獾是一种很爱干净的动物，所以獾才不愿意收留狐狸一家人。

狐狸趁这个机会跑到獾的家，把獾的家里弄得脏兮兮的，然后心满意足地溜之大吉。

獾回到家里一看，不好，怎么家里变得那么脏？它也懒得收拾，走出了洞穴，到另外的地方去建造新家了。

这正是狐狸所期望的。

獾走了之后，狐狸就迅速地把小狐狸衔了过来，舒舒服服地在里面生活了下来。

延伸思考
【正面描写】
因为獾不收留狐狸一家，狐狸就把它的家弄的乱七八糟。说明狐狸是一种非常狡猾的动物。

有趣的植物

池塘里差不多长满了浮萍。有些人管那叫苔草。其实苔草是苔草，浮萍是浮萍。浮萍是一种很有趣的植物，跟其他植物不一样。细小的根，浮在水面上的小绿圆片儿，上面凸起一个长圆的东西。这些凸起的东西，就是它的茎的枝儿，一个个形状像小烧饼似的。浮萍没有叶子。花呢，有时候也会开几朵，不过这是很难得的事。浮萍用不着开花，它繁殖起来又快又简便。只要从这小烧饼似的茎儿上脱落下来一个小烧饼似的枝儿，这一棵植物就变成两棵了。

浮萍的生活可真不错，自由自在，到处为家，什么也不能把它拴在一个地方。有野鸭游过的时候，浮萍就可能挂在野鸭的脚蹼上，被野鸭带着飞到另一个池塘里去。

◎尼·巴甫洛娃

延伸思考
【比喻修辞】
把茎儿的枝儿比作一个个小烧饼。形象生动地为我们说明了枝儿的形状。

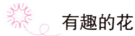

有趣的花

在茂盛的草地上和树林间的空地上，绛紫色的矢车菊开着很大的花。森林通讯员每次看见它，就会想起伏牛花来。因为这两种花有着共同的特点，都会耍一些小戏法。

矢车菊的花是由小花组成的小花序，而不是一朵朵的。它上面那漂亮蓬松的小花儿，都是一些不结子的无实花。真正的花却在中间，是许多绛紫色的管状花。

在这些管状花里，有一根雌蕊和许多根会变戏法的雄蕊。当你碰到这些小管子时，它们就会向一旁歪去，从管子的细孔里喷出一些花粉。过不多久，你若再碰它一下，它就会摇摆起来，又从细管子里喷出花粉来。

这就是矢车菊的小戏法！

这些花粉是有用的，若是有昆虫向它要花粉，它就会给一些。拿去吃也可以，沾到自己身上也行，只要把一点点的花粉带到另外一朵矢车菊上就可以了。

延伸思考
【直接描写】通过这段话的描写，让读者明白了这些花是怎样变戏法的。突出了这种花真的很有趣。

延伸思考
【举例子】这段话列举了这些花粉的用途。虽然这些花粉看起来不起眼，但是在它们的圈子中确有很大用途。

神秘的夜行大盗

森林里出现了一个神秘的盗贼，森林里的居民们都很害怕。

每天夜里都会有小兔子失踪。每到夜里，无论小兔、琴鸡、松鼠，还是小鹿、松鸡，都没有安全感。它们担心神秘的杀手会蓦然出现，有可能来自草丛，有可能来自树丛，有可能来自天空，有可能来自河里。也说不定那些盗贼不是一个，而是团伙。

还在几天前，狍子的一个家庭，公狍、母狍和两只幼狍在林地间吃草。由于是夜里，公狍站到了离灌木丛不远的地方警戒，母狍带着孩子们在空地中央继续吃草。

忽然，从树林里闪出一个黑影，那影子袭向公狍，公狍顿时倒下了。母狍携带着两只幼狍逃进了林子。

第二天，母狍回到那片地方时，只看到公狍的一对角和四条腿。

同样在昨天夜里，一头驼鹿也遭到了袭击。它当时正在林子里走着，看到一棵树上多出了一些东西。由于天黑，并没有在意是什么玩意儿，忽然，一个可怕而沉重的东西坠落在它的后背上，那东西有 30 千克重。

驼鹿大吃一惊，使劲儿地把盗贼从背上甩掉，头也不回地跑开了，它也不知道是谁攻击了它。

在这森林里没有狼，狼也不会在树上。熊此时正在森林里换毛，它不会从树上跳到驼鹿的背上。可是，这夜行大盗到底是谁？

谁也不清楚！

欧夜莺的蛋莫名其妙地不见了

我们的通讯员找到一个欧夜莺的巢。一个小坑里有两个蛋。当人走过去的时候，雌欧夜莺从蛋上飞了起来。

我们的通讯员并没有动它的巢，只是把这个巢所在的地点，清清楚楚地记了下来。

过了一个钟头，他们又回到那里去看这个巢——巢里的蛋已经不见了。

蛋哪儿去了？这是个谜。过了两天才搞明白：原来雌欧夜莺把蛋衔到别处去了；它担心有人会来捣毁它的巢，掏巢里的蛋。

延伸思考
【直接描写】雌欧夜莺为了防止有人将蛋偷走，于是把蛋衔到别的地方去了。说明欧夜莺非常爱护自己的蛋。

坚强的小鱼

前面我们讲过，雄刺鱼在水底建的巢是什么样的。

在巢建好后，雄刺鱼就会选一条雌刺鱼作为自己的妻子带回家。雌鱼儿进来后，产下鱼子，就游走了。

雄刺鱼接着找第二位妻子，再去找第三位、第四位，可是这些刺鱼妻子都离开了它，把产下的鱼子全留给了雄刺鱼看管。

只有雄刺鱼一个人看家了，还有很多的鱼子要看管。

河里有一些爱吃鱼子的家伙，可怜的小雄刺鱼，不得不待在家里，看护自己的家，以防那些残忍的家伙来捣乱。

延伸思考
【正面描写】为了保护这些鱼子和它们的家园，刺鱼守护着自己的孩子和家园。说明雄刺鱼非常爱惜自己的孩子和家园。

前几天，贪吃的河鲈（lú）鱼突然闯进了它的家。身材娇小的雄刺鱼坚强、勇敢地与敌人展开了激烈的搏斗。

雄刺鱼竖起身上的5根刺——3根在脊背上，2根在腹部，全部向鲈鱼刺去。

由于鲈鱼全身披着坚硬的鱼鳞，很不容易刺透，只有鳃部没有任何的保护。于是，刺鱼就对着鲈鱼的鳃刺过去了。

鲈鱼看到雄刺鱼这么坚强不屈，迅速逃走了。

蝼蛄

我们《森林报》的一位通讯员，从加里宁省发来了一份报道：

"为了练习爬树，我竖立了一根杆子。当掘土的时候，我掘出一只小野兽，我也不清楚它是什么。它的前掌有脚爪，背上有像翅膀一样的两片薄膜，它的身上有着棕黄色的细毛。

这只小兽有 5 厘米长，样子像黄蜂，又像田鼠。可是它有 6 只脚，凭这一点判断，它应该是一种昆虫。"

这种与众不同的昆虫是蝼蛄，它的样子像小兽，有一个外号叫"赛鼹鼠"。它跟鼹鼠很像，也是掘土的能手。不过，蝼蛄的前脚还有一个特点，像剪刀似的，在地下来来往往时，就用这些前脚剪断植物的根。鼹鼠的力气大，个头儿也大，这种根用力一扯就断了。蝼蛄却不同。

在蝼蛄的两腭上，有像牙齿一样的锯齿状的薄片。

蝼蛄的一生大部分生活在地下，它和鼹鼠一样，在地下掘通道，在那里产卵。此外，蝼蛄还有两扇软软的大翅膀。它飞翔能力很好，是鼹鼠无法比拟的。

在加里宁省，蝼蛄并不多，在列宁格勒省更少。可是在南方的各省，蝼蛄的数量却很多。

谁要是想找到它们，就去潮湿的土地里找吧！最好是在水边、果园和菜园地里。

用这种方法能够捉到蝼蛄：先选一个地方，每天晚上

延伸思考

【直接描写】通过对蝼蛄的简单描写，将蝼蛄的外形展现在读者面前，使读者对蝼蛄有了一个大致的了解。

延伸思考

【打比方】将蝼蛄的前脚比作剪刀，说明蝼蛄的前脚非常锋利。这为我们生动地展示了蝼蛄的形态。

往这块地方浇水，用木屑把这块地方盖起来。半夜里，蝼蛄就会钻到木屑下的稀泥里。

真正的凶手

今天夜里，林子里又发生了凶杀案，树上的松鼠被杀害了。森林通讯员对现场进行了勘查，经过仔细研究凶手留下的脚印，证明前不久林子里的作案者都是它！

凶手原来是来自北方森林里的"豹子"，就是凶残的"林猫"——猞猁。

无论白天还是夜晚，它的视力都很好，要是有谁在睡觉或是隐藏的不隐蔽，那就要倒霉了。

刺猬救了她

马莎大清早就醒来了，急急忙忙穿上衣服，光着一双脚，就跑到树林里去了。

树林里的小山冈上有许多草莓果。马莎眼明手快地采了一小篮，转身跑回家。一路上，在被露水沾湿了的冰凉的草墩上跳跳蹦蹦。跳着，跳着，冷不防脚底下一滑，痛得大叫起来，原来她的一只光脚滑下了草墩，被什么尖东西戳得流血了。

恰巧有一只刺猬蹲在草墩下，这会儿它把身子缩作一团。

马莎哭开了，坐到旁边的草墩上，用衣服擦着脚上的血。刺猬不叫了。

突然，一条背上有锯齿形黑条纹的大灰蛇，一直朝马莎爬过来了。这是一条有毒的蝰蛇！马莎吓得胳膊腿儿都软了，蝰蛇越爬越近，咝咝地吐着它那叉子似的舌头。

这当口，刺猬忽然挺直身子，小腿儿飞奔着，向蝰蛇跑去。蝰蛇抬起整个上半身，像根鞭子似的抽将过来。可是刺猬也够敏捷的，它连忙竖起身上的刺迎过去。蝰蛇咝咝地狂叫起来，想掉转身逃走。刺猬却扑到它身上，从背后咬住它的脑袋，用爪子扑打着它的脊背。

这时候，马莎才清醒过来，跳起身子，跑回家去了。

延伸思考
【动作描写】
这段话描写了刺猬和蛇打斗的场景，说明刺猬很机智勇敢。

可爱的蜥蜴

在树林里的树桩旁边，森林通讯员捉到了一只蜥蜴，把它带回了家。森林通讯员在大玻璃罐里，铺上沙子和小石子，然后，把蜥蜴放进去养着。

每天，森林通讯员都会给它换水、草和土，还放一些苍蝇、小虫子、蛆虫和蜗牛。它吃得很香，经常是一口吞下去。它最喜爱吃的是菜园里的白蛾子。一看到白蛾子，它赶快把头朝向白蛾子，张开大嘴，吐出像叉子一样的舌头，猛地跳起来，向自己的食物扑过去。这个动作就像狗扑食一样。

一天早上，森林通讯员发现在小石子间的沙土里，有10多个椭圆形的小白蛋，蛋壳比较软，很薄。蜥蜴给它们找了一个可以晒到阳光的地方。一个多月过去了，小白蛋破壳了，从里面钻出来一条条机灵的小蜥蜴，与它们的妈妈长得很像。

延伸思考
【动作描写】
快速将头朝向白蛾子、张开大嘴、跳起、扑这一系列动作，将蜥蜴吃白蛾子时活灵活现的样子展现了出来。

现在，这一家子经常爬到小石子上，享受着阳光的沐浴呢！

◎森林通讯员　谢斯嘉科夫

名|家|点|评

　　这篇文章记叙了森林中小动物们发生的事情，虽然有的动物很狡猾、残忍，但是也不乏充满爱的小动物，像小鱼、刺猬等等。它们让这个森林变得有活力，充满色彩。

拓展训练

1. 文中讲了哪些有趣的植物？

2. 森林里真正的凶手是谁？

3. 刺猬怎样救了马莎？

摘自少年自然科学家的日记

接下来关于森林的故事是来自一个少年自然科学家的日记。通过他的日记我们又会发现哪些有趣的关于森林的小故事呢？我们一起来看看。

燕子窝

6月25日

每天燕子都在操劳着，都在筑巢。巢也一天天地变大。它们一清早就开始工作，中午休息两三个小时，接着继续修整和营造，直到太阳快下山时才结束。它们不需要不停地做巢，因为黏土需要时间变得干燥。

有时，别的毛脚燕会飞到它们那里做客，如果公猫不在屋顶的话，它们还会多待一会儿。

现在，窝已经像有缺口的月亮，缺口朝着右边。

我清楚地知道，毛脚燕窝的形状是怎么形成的，为什么它不是向左右两边均衡发展。因为，雌燕和雄燕都参与了工作，但力气不一样。雌燕在做巢时，总是头向左边，它很勤奋。雄燕常常不知飞到哪里去了，一去就是几个小时。当它停在巢上时，总是头朝向右。雄燕的工作赶不上雌燕，所以巢右边的进度总是落后于左边。

延伸思考
【直接描写】燕子从大清早开始工作，直到太阳下山时才结束。说明燕子是一种非常勤劳的动物。

延伸思考
【做比较】通过将雌燕和雄燕对比，揭开了毛脚燕窝形状形成的原因。再一次让我们感受到大自然的奥妙。

没想到，雄燕竟那么懒惰，它比雌燕力气大，却不为自己的懒惰感到害臊。

6月28日

燕子已经不衔泥了，它们往巢里衔干草和绒毛，铺垫子。我真没想到，它们把全部建筑工程估计得这么周到——原本就应该让巢的一边比另一边增长得快一些！雌燕子把巢的左边堆到了顶，雄燕子的右半边巢却始终没有堆完。这么着，就堆成了一个缺一个角的泥圆球，右上角留了一个洞口。不消说，它们的巢就应该是这么个样儿的——这就是它们家的大门呀！要不然，这对燕子可怎么进它们的家呢？闹了半天，我当初骂雄燕子懒，是冤枉它了。

今天是雌燕子头一次留在家里过夜。

6月30日

巢做好了。雌燕子老待在巢里不出门，大概是它产下第一个蛋了。雄燕子不时给雌燕子衔一些小虫儿来，还不住地唱着，欢天喜地地在唧唧喳喳地说着贺词。

第一批贺客——那一群燕子又飞来了。它们一只一只地从巢旁飞过去，向巢里张望着，在巢前扑着翅膀。这时候，女主人的小脸儿，正探在门外，说不定它们在吻着这位幸福的女主人呢！客人们唧唧喳喳热闹了一阵子，就散了。

猫儿时常爬上屋顶，从梁木上往屋檐下张望。它是不是在焦急地等待巢里的小燕子出世呢？

7月13日

都两个星期了，雌燕子待在家里，很少出来活动。只

延伸思考

【直接描写】通过这几句话，揭开了燕子的巢为什么是这个样子的，原来是它们为自己留的"大门"。说明燕子们很聪明。

延伸思考

【直接描写】雄燕为雌燕找来食物，说明雄燕非常爱护雌燕。也说明，动物和人类一样，它们之间也充满了爱。

是在中午比较暖和时，才会飞出来一会儿，这样做，是为了不让蛋着凉。雌燕子在屋顶上空盘旋一会儿，捉一些苍蝇吃，然后飞向池塘边。在那里，它飞得很低，身子可以接触到水面。这时，雌燕子用嘴抄点水喝，等喝饱了，就飞回巢里。

今天与往日不一样了，燕子夫妇都开始忙活起来，不时地从巢里飞出又飞回来。偶然间，我看到雄燕子把白色的硬壳衔出来，雌燕子的嘴里还衔着小虫子。出现这样的情况，可能是小燕子出世了！

7月20日

不好了！不好了！猫儿爬上屋顶了，整个身体都在梁上倒挂着，想用它的爪子往巢里掏。巢里的小燕子非常的害怕，"啾啾"地叫着，看上去多么可怜呀！

这个时候，不知从哪里飞来一大群燕子。它们大声地叫着，飞来飞去，险些撞到猫的鼻子。真险呀！猫儿差点抓到一只燕子！哎呀！猫儿又扑向另一只燕子了。

很好！很好！猫儿没有抓到，这时，脚下一滑，从上面掉下来了。

猫儿没有摔死，但也摔得不轻。好像有条腿给摔伤了，"喵喵"叫几声后，一瘸一拐地走了。

这是它自找的！这样小燕子就安全了，再也不会受到猫儿的惊吓了。

◎森林通讯员　维利卡

延伸思考

【细节描写】雌燕怕蛋着凉，也只在暖和的时候出来一下。看得出雌燕对这些蛋的呵护，体现出母爱的伟大。

延伸思考

【正面描写】大燕子为了保护这些刚出生的小燕子，奋不顾身地与猫作斗争，说明它们很爱这些小燕子，也体现出燕子之间的团结。

小燕雀和它的妈妈

在我家的院子里，是一片花繁叶茂的景象。

我在院子里走着，忽然有一只小燕雀从我脚底下飞过来。它飞了起来，然后又落下。

我把它捉住，带回了家，放在洞开的窗口。

过了不到一个钟头，小燕雀的爸爸妈妈就过来喂它了。

它在我家里待了一天，晚上我还把它放进了笼子里。

第二天早晨，我醒来的时候，看见小燕雀的妈妈蹲在窗台上，嘴里叼着一只苍蝇。

我爬起床，把小燕雀放在窗台上，自己躲到暗地里观察。

小燕雀的妈妈停了一会儿，就过来喂它的孩子了。小燕雀叽叽喳喳地张开嘴尖叫了起来，它正饿着呢！燕雀妈妈便飞到跟前喂它吃。

后来，当燕雀妈妈又去找食物的时候，我把小燕雀放到了院子里。

等我再去看小燕雀的时候，它已经不见了，是它的妈妈把它带回家了。

◎贝科夫

【细节描写】
不论小燕雀在哪儿，小燕雀的妈妈总会找到它，来喂它食物。再一次彰显出母爱的伟大！

【直接描写】
小燕雀的妈妈不顾危险，还是坚持来喂小燕雀，生怕饿到自己的孩子。这样伟大的母爱，让我们人类感动。

金线虫

在江河、湖沼和池塘里，有一种神秘的生物——金

线虫，普通的深水坑里也有。据说，在人洗澡的时候，它钻到人的皮肤里去，在皮下串来串去，叫人感到奇痒难熬……

金线虫真的像一根根棕红色的线，更像用钳子钳断的一截截金属丝。它坚硬极了，把它放在石头上，用另外一块石头敲它一下，它也不在乎，还是不住地一会儿伸长，一会儿缩短，一会儿盘成个奇妙的团儿。

其实金线虫是一种没有脑袋的软体虫，对人类并没有害处。雌金线虫的肚子里满装着卵。它们的卵在水里孵成有角质的长吻和钩刺的小幼虫。它们附着在水栖昆虫的幼虫身上，钻到那些幼虫的身体里面去，然后被外皮覆盖起来。以后，如果它们的"主人"不被什么水蜘蛛或者昆虫吞到肚里去，它们的一生就算是完了。如果能进到新"主人"的身体里面去，它们就在那里变成没有脑袋的软体虫，钻到水里来，使有迷信思想的人害怕。

枪杀蚊子

有一个半岛，那里有座国立达尔文自然保护区的办公楼，周围是雷滨海。这是个新的海，也是一个不同寻常的海。前些日子，这里还是树木繁茂的森林。海不是很深，甚至有些地方可以看到树梢儿。这是个淡水海，海水热乎乎的，所以，这里会有成千上万的蚊子生活着。

有许多蚊子偷偷溜进了实验室、餐厅和卧室，闹得人们睡不好觉，吃不下饭，更没有心情工作。

到了晚上，我听到每个房间放霰（xiàn）弹枪的声音。

延伸思考
【环境描写】通过这几句话，我们可以知道蚊子喜欢生活在温暖、潮湿的地方，所以会有大量的蚊子在这里生活。

延伸思考
【直接描写】蚊子进入卧室、餐厅、工作场所等等，干扰人们的生活。可见蚊子对人类的生活影响很大。

出啥事了？没什么事，只是在打蚊子。

其实，子弹筒里装的并不是真的子弹，也不是铅霰弹，而是科学家们装了少量的火药和底火，塞上弹塞。接下来，在弹筒上面填满杀虫粉，再塞一个弹塞，只要杀虫粉不漏出来就可以了。

扣动扳机，"啪"的一声，杀虫粉像很细的尘土一样，一下子洒满了整个房间，不放过任何一个缝隙，这样虫子就全都被杀死了。

延伸思考

【细节描写】从机枪里出来的粉尘，会遍布每个角落，消灭所有的蚊虫，体现出这种枪非常神奇和厉害。

一位少年自然界研究者的梦想

一位少年自然界研究者准备在班级里作报告，题目是：昆虫对田间和森林的危害以及如何战胜它们。

他念道："用机械和化学的方法对付甲虫，将耗费 1.37 亿卢布……手工捕捉甲虫 1.3015 千万只……为了与它们抗争，每公顷将需要用 20 到 25 天去完成。"

延伸思考

【列数字】通过研究者列出的这些数据，说明消灭这些甲虫非常耗费财力、人力和时间。

少年自然界研究者看了那一长串尾数带零的数字，头都觉得晕了，只好上床睡觉。

蚊子咬了他一夜，甲虫、毛毛虫、蛾子也从四下爬出来，缠绕得他透不过气来。他用双手捏死它们，用药水毒死它们，可是，它们反而越来越多……少年自然界研究者从睡梦中惊醒。

清晨他一看，情况并不像他想象的那么糟糕，他就在自己的报道里建议制作许多棕鸟窝、山雀窝，并向爱鸟敬礼。要知道，这些益鸟捕食毛毛虫、甲虫和蛾子要比人类有效果，而且它们做这一切不会需求回报。

请试验一下

据说如果在上面无遮盖、周围有铁丝网的养禽场上面，或者在没有顶儿的笼子上面，交叉着拉几根绳子，那么猫头鹰或甚至于雕鸮，在扑向铁丝网或笼子里的飞禽以前，都一定会先落在绳子上歇歇脚。在猫头鹰看来，这绳子挺坚固。可是它只要一落到绳子上，就会来个倒栽葱，因为绳子太细了，而且绷得很松。

猛禽跌个倒栽葱以后，会头冲下一直挂到第二天早晨——在这种情况下，它是不敢扑翅膀的，害怕跌到地上摔死。等到天亮的时候，你就可以去把这小偷从绳子上取下来。

请试验一下这是不是事实。绳子可以试用粗铁丝来代替。

用鱼做预测

有一件很奇怪的事，如果你从河流和湖泊里抓一些小鲈鱼，把它们放入鱼缸养着，或是放进大玻璃罐里，这样，你就可以预测今天要不要去抓鱼。这很容易做，在出发前，你只要喂一喂小鲈鱼就一清二楚了。

如果它们迅速抢食吃，就说明今天是个钓鱼的好时候，鱼儿容易上钩；如果它们不想吃食，说明河流和湖泊里的小鱼也不会吃食。同时，这也说明气压有了很大的变化，天快要下雨了，接着会有雷阵雨。

对气候和水温的变化，鱼类是最敏感的。根据它们的反常表现，可以对天气进行预测。

延伸思考
【直接描写】通过小鱼不想吃食物，既可以判断是否是钓鱼的好时机，也可以判断天气。说明大自然间的万物都是相互有关系的，也再一次说明大自然的奇妙。

延伸思考
【直接描写】通过鱼的反常表现，可以来判断气候和水温的变化，这是非常有用的。也再一次让我们感受到大自然是我们的好朋友。

每个爱好钓鱼的人不妨都亲自试验一下，在屋里和露天情况下，是不是都准确无误。

天上的大象

天上飘来一块乌云，黑压压的，活像大象。它一会儿把鼻子拖到地上，一会儿又卷起一片尘埃。尘埃像柱子似的随风飞舞着，越来越大，最终和天上大象的鼻子连到一起，成了一个更大的柱子。

大象把柱子搂在怀里，又向远方奔去了。

天上的大象来到了另一座小城市的上空，待在那里不动了。忽然，从它身上落下了雨水。

好大的雨啊！屋顶和人们撑在头顶上的伞，都乒乒乓乓地响起声来。你知道，是什么敲得它们那么响吗？原来是小鱼、小蛤蟆和小青蛙。它们在大街上的水洼里乱蹦乱跳，整条大街热闹极了。

后来，人们才知道是怎么一回事。原来那块像大象的乌云，在龙卷风的帮助下，从一座森林中的小湖里卷起了大量的水，连同水里的小鱼、小蛤蟆和小青蛙一起，在天上飞行了很远，又把那些携带物丢在了另一座城市。然后，又高昂着头向其他的地方跑去了。

名家点评

通过少年科学家的日记，我们知道了很多有趣的事物，例如金线虫、通过小鱼判断天气等等，让我们再一次领略到了大自然的奇妙。

绿色的朋友

名家导读

看到这个题目，我们肯定会想到这位绿色的朋友就是大森林。没有了森林的保护，沙漠会肆无忌惮地蔓延，一切都将被太阳烘烤。所以，我们要保护大自然，保护森林。

从前，我们的森林好像大得无边无际似的。

可是，从前森林的主人不会过日子，不知道保护森林，爱惜森林。他们毫无节制地砍伐树木、滥用土地。

哪里的森林被他们砍光了，哪里就出现沙漠和峡谷。

农田的周围没有了森林，干风就会从遥远的沙漠里刮来，向农田进攻。火热的沙子把田地掩埋起来，庄稼也都被烧死了。谁也没办法去保护这些庄稼。

江河、池塘和湖泊的岸边没有了森林，积水就开始干涸，峡谷开始向农田进攻。

可是，人民毕竟赶走了那些不中用的当家人，亲手来掌管自己的巨大财富了。人们对干风、旱灾和峡谷宣战了。

于是，绿色的朋友——森林，就成了人民的好帮手。

哪儿的江河、池塘和湖泊没有遮阴，需要保护它们不受到烈日的烘烤，我们就派森林到哪儿去。雄伟的森林像壮汉似的挺起魁梧的身躯，用头发蓬松的大脑袋，遮住江河、池塘和湖泊，不叫太阳晒到它们。

延伸思考

【直接描写】没有了森林，干风和沙漠就会向我们袭来，破坏庄稼。说明森林对于人类的重要性。

延伸思考

【正面描写】有了森林，可以保护一切不受烈日烘烤。说明森林对人类生活是极为重要的。

狠毒的旱风，总是从遥远的沙漠里携来热沙，把耕地埋起来。哪儿需要我们保护广大的农田，不叫它受到旱风的侵害，人们就在哪儿造林。森林大汉挺起胸脯，挡住狠毒的旱风，像一道铜墙铁壁似的保护农田，不叫农田受到旱风的侵害……

哪儿耕种的土地往下坍塌，峡谷迅速地扩大、狼吞虎咽地啃食着我们的农田的边缘，我们就在哪儿造林。我们的绿色朋友——森林，在那里用它强有力的根紧紧抓住土地，把土地稳固住，拦住到处乱爬的峡谷，不许它啃食我们的农田。

征服旱灾的战斗正在进行中。

再次造森林

以前，季赫温斯基区的森林都被砍光了。现如今，那儿已经开始了造林运动。

云杉、松树和西伯利亚阔叶松，已经被种植在250公顷的土地上。可是在以前，在250公顷的土地上，乱砍滥伐使得树木几乎绝迹。

现在那儿的土地比较松软，这给那些砍剩下的树木的种子，提供了有利条件，以便它们更好地发芽，生长。

大约10公顷的土地上，种植了西伯利亚阔叶松。树苗很快长出了嫩芽。这种林木，为列宁格勒省增添了贵重的木材。

那里又开了一个苗圃，主要培育针叶树和阔叶树，这些树木是建筑用的好材料。

名|家|点|评

　　人类和大自然之间的作用是相互的。我们爱护大自然，那么大自然就会给我们带来好处；反之，人类会受到惩罚。通过这篇文章，希望人类可以觉醒，爱护森林，保卫家园。

拓展训练

1. 绿色朋友指的是谁？

2. 没有了大森林，我们的世界会是怎样的呢？

3. 我们要如何保护大自然？

林中大战（续前）

在前面的文章中，我们了解了大自然中动物们之间的大战。在接下来的故事中，我们一起来了解一下大自然中植物之间的战争吧！一定也特别有趣儿！

小白桦的命运，和小白杨的差不多，它们到最后都被云杉弄死了。

现在云杉在那片采伐迹地上独占鳌头，它们没有敌人了。我们《森林报》的通讯员只好搬到另一块采伐迹地上去。前不久，人们还在那里砍伐过树木。

在那里，他们看到了云杉。

那里的云杉是强大的，但它们也有两个弱点。

第一个弱点是，它们扎在土里的根，虽然伸得很远，但是却不深。到了秋天，在广阔宽敞的采伐迹地上，狂风刮起来，许多小云杉都被刮倒了，有的被连根拔了起来。

第二个弱点是，云杉在很小的时候，还没有健壮起来，它们那时很怕冷。

小云杉树上的芽全被冻死了，有些树枝还很瘦弱，也被寒风吹断了。

到了春天，在那块土地上，很难再看到一棵小云杉。

云杉不是每年都结种子。云杉虽然很快地胜利了，但是这胜利并不巩固。有很长一个时期，它们丧失了战斗力。

狂暴的草种族呢，第二年春天刚从土里钻出来，就打

延伸思考

【正面描写】小白桦和小白杨最终都逃脱不了云杉的伤害，最终死亡。说明云杉很强大，也体现出植物之间的战争很残酷。

延伸思考

【直接描写】云杉扎根虽然远，但是不深、小时候怕冷，通过这些描写，突出了云杉的特点。

起仗来了。

这一回，轮到它跟小白杨、小白桦打仗。

可是，小白杨、小白桦都长高了，不费什么劲儿就把那些细而有弹力的野草，从自己身上抖落了下去。草紧密地包围住它们，反而对它们有好处。去年的枯草，像一条厚厚的地毯似的覆盖在地上，腐烂后发热。新生出来的青草，把刚出世的娇嫩的小树苗掩盖着，保护它们，不叫它们受到可怕的早霜的侵害。

小白杨和小白桦都长得很快，矮小的青草怎么也追不上它们。它落在后面了。它刚一落在后面，马上就不见天日了。

每一株小树都高过了小草，很快把自己的枝叶伸展开，把草都盖住了。小白杨和小白桦的枝叶，不像云杉那样稠密。还好，它们的叶子比较大，可以形成较大的树荫。

如果小树长得比较稀，它们之间的距离较远，草族还可以挺过去。但是，在砍伐过的空地上，小白杨和小白桦却长得很密。它们团结一致，共同战斗，把它们的手臂似的枝条都连接在一起，一排排围起来，犹如一个严密的绿荫帐篷。小草由于得不到足够的阳光，很快就死去了。

现在，森林通讯员看到小草不见了，到处都是小白杨和小白桦的身影，这说明它们获得了胜利。

于是，森林通讯员来到了第三块空地上。他们看到了什么？将在下一期的《森林报》上刊登。

名家点评

和人类一样，植物之间也存在着竞争。它们争夺土壤、阳光等等。让我们不得不惊叹，在这个大自然中，生物是多么有趣！

延伸思考

【直接描写】这段话将植物之间的"战争"展现在我们面前。原来植物之间也存在着竞争，和人类一样。再一次让读者感受到大自然的奥妙。

祝钩钩不落空

名家导读

根据天气的不同，来判断鱼儿的位置，要是按照这个方法去钓鱼，那么每次肯定都会满载而归。多么有趣的方法呀。

钓鱼与天气有关系，在夏季，常常刮大风，暴风雨会把鱼儿赶到深潭。

这时候就要明白，如果阴雨连绵，鱼儿们会钻到僻静的水域，变得没有精神。

在大热天，它们会寻找凉爽的地方，那里有从地下冒出的清泉。鱼儿只在早晨才会咬钩，在傍晚它们也会重新上钩。

在夏季干旱的时候，河流和湖泊的水位下降了，鱼儿便躲到深潭里。那里的食物很少，如果能找到好的钓鱼地点，在添加食料和诱饵的情况下，可以轻松地钓到鱼。

最好的诱饵是大麻子油饼，将其在平底锅里煎过，在咖啡磨里磨碎，在研钵里捣松，再把它掺进黑麦粉和煮烂的小麦、豌豆、大米、黑麦、燕麦、大豆颗粒、荞麦和燕麦饭里，它就会使这些食物带有新鲜的大麻子油的香味。水中的很多鱼儿都喜欢这种气味，应每天给它们喂这些食料，使得它们习惯于来这些地方。而且像狗鱼、梭鲈鱼、河鲈鱼、赤梢鱼等食肉的鱼类也会随之而来。

延伸思考

【直接描写】由鱼儿和天气的关系，我们可以联想到，大自然的万物之间都是相互联系的。再一次让读者对大自然产生好奇。

延伸思考

【直接描写】让鱼儿喜欢大麻子油的香味，它们就会习惯来这些地方，让读者们学会了一种新的钓鱼的方法。

降雨和雷雨使水变得清新，这些也激起鱼类的食欲。在雾散之后，在晴朗的天气里，钓鱼就显得容易。

谁都能学会根据晴雨计、鱼上钩的情况、云彩、日出即分散的夜雾和露水，来预测天气的变化。鲜明的紫红色霞光，说明空气里水蒸气很多——可能下雨。淡金红色的霞光，相反地说明空气是干燥的，也就是说，最近几小时内不会下雨。

除了用带浮标和不带浮标的普通钓鱼竿钓鱼以外，还可以乘小船一边划船一边钓。只要预备好一根结实的长绳子（约 50 米长，在用手拉的地方接一段钢丝或牛筋），再预备一条假鱼就够了。把假鱼拴在绳子上，拖在小船后面离小船 25 ~ 50 米远。小船上得有两个人，一个人划船，一个人拉绳子。把这条假鱼拖在水底或水中走。猛鱼——像鲈鱼、梭鱼、刺鱼什么的，看见假鱼在自己头上游过，以为是真鱼，扑过去一口吞下，于是就扯动了绳子。捉鱼的人感到有鱼上了钩，就把绳子往自己身边慢慢拉过来。用这个方法捉到的鱼，往往是很大的。

在湖边，最适于用假鱼和长绳子钓鱼的地方，是长满了灌木的又高又陡的峭壁下；杂乱堆着一些被风刮倒的树木的深坑里；还有水面宽阔的地方和在芦苇和草丛附近。在河里，得沿着陡岸划船，或者在水深而平静的、水面宽阔的地方划船；得躲开石滩和浅滩，或者在往上一些的地方，或者在往下一些的地方。用假鱼钓鱼的时候，小船得慢慢地划，尤其是风平浪静的时候，因为在这种条件下，就是隔得老远，桨轻轻地触碰一下水面，鱼也能听见。

延伸思考

【举例子】根据日出、彩霞等来判断天气，是人们长期以来积累的经验。在这里也告诉读者多认真观察大自然。

延伸思考

【直接描写】这段话描述了如何能捉到鱼，告诉我们，只有掌握了方法，了解事物的特性，才能成功。

捉虾

5～8月是捉虾的好时节，但首先要了解虾的生活习性。

小虾是虾子孵化出来的，虾子在产下来之前，怀在雌虾的腹足里和尾巴下面的后肚里。

每只雌虾最多有100粒虾子，虾子在雌虾身上过 个冬天。

初夏，虾子裂开来，出来的小虾像蚂蚁一样大。古时候，一般认为只有聪明的人才知道虾在什么地方过冬。现在，没有人不知道虾在河岸或湖岸上的小洞穴里过冬。

虾在生下来的第一年，要换八次甲壳；在它们长大后，一年只需换一次。

它们把旧甲壳脱去后，赤裸的虾躲在洞里，一直到身上的新甲壳长硬了才出来。许多鱼儿都喜欢吃脱了甲壳的虾。

虾白天躲在洞里，只要感觉有猎物出现，就会从洞里爬出来捕食。在这个时候，可以看到从水底下冒出一串串气泡，这是虾呼吸出来的气。水里的小虫、小鱼都是虾的美食，不过，虾最爱吃的是腐肉。在水底，它们很远就能闻到腐肉的气味。

这时候，若要捉虾，就要用小块臭肉、死蛤蟆、死鱼之类的，把它们从虾洞里引出来，趁它们徘徊的时候捉住它们。

要把饵食系在虾网上，一定要使虾不至于一进网就把

【延伸思考】

【对比修辞】以前的人不知道小虾在什么地过冬，但是现在人们都知道。说明人类对大自然了解的越来越多。

【延伸思考】

【直接描写】虾最喜欢吃的是腐烂的肉，所以在老远的地方都能闻到腐肉的气味。这让我们又了解到虾的一个特点。

网内的腐肉带走。

用绳子把虾网系在长竿的一端，人站在河岸上，把虾网浸到水底。虾多的地方，就会有很多虾钻进网子里。

还有一些捉虾的方法，不过最简单的方法是在水浅的地方找到虾洞，用手捉住虾的背，把它从虾洞里拖出来。有时候，会被虾卡住手指头。这时候不要害怕，不然就会松手让虾溜之大吉了。

如果随身带一口小锅，还有葱、姜和盐，可以在逮住虾后在岸上煮开一锅水，把虾放进锅里拌上调味来吃。

在暖和的夏夜，如果在小河或湖边的篝火旁吃虾，那味道、那意境，一定美极了！

延伸思考

【场面描写】在篝火旁边吃着美味的虾，虽然是想象，但是依然让我们感觉到这个场面非常的美好。

名|家|点|评

这篇文章给我们介绍了鱼儿和虾的一些特性及捕捉它们的方法。大自然里的事物丰富多彩，各有特点。我们要向这位小科学家学习，善于观察大自然，发现大自然。

拓展训练

1. 鱼儿和天气之间有怎样的联系？

2. 文章中讲述的捉鱼的方法是怎样的呢？

3. 你知道虾的生活习性是什么样的吗？

集体农庄生活

人和大自然是分不开的，所以我们人类和大自然要和谐相处。那么，这样的生活场面会是什么样子呢？我们一起去这个集体农庄里感受一下吧！

【环境描写】
开花的黑麦、散步的田公鸡一家，这样和谐的场景，让我们感受到了大自然的美好与安静。

延伸思考

黑麦长得比人还高，已经开花了。一只田公鸡（山鹑）在那里面散步，好像在树林里似的。雄山鹑还带着它的雌山鹑，后面跟着它们的小娃娃，像些小黄球似的，滚呀滚的——原来小山鹑已经孵出来了，而且从巢里跑出来了。

集体农庄庄员们在忙着割草。有的地方用镰刀割，有的地方用割草机割。割草机在草场上驶过，挥动着光秃秃的翅膀。芬芳多汁的高高的牧草，在它后面倒下来，一行一行，笔直笔直的，整齐极了。

菜园里的畦垅上，绿油油的葱长高了。孩子们正在那里拔葱。

女孩子们和男孩子们一块去采浆果。这月初，在小山冈向阳的斜坡上，甜甜的草莓熟了。现在正是草莓结得最多的时候。林里的黑莓果也快熟了，覆盆子也快熟了。在林中长满苔藓的沼泽地里，有一包籽儿的桑悬钩子，从白色变成了红色，又从红色变成了金黄色。你爱吃什么样的浆果，就采什么样的浆果吧！

延伸思考

【直接描写】
草莓、黑莓果等都成熟了，想吃什么就吃什么。说明这里果子种类非常多，非常可口。

孩子们还想多采一些，可是家里的活儿还忙不过来

呢：得打水去浇整个菜园子，得除菜畦里的草。

名|家|点|评

通过这篇文章，我们看到了在这个农庄里人与动物、植物和谐相处的场面，是那么美好和安静。只有我们和谐相处，才能让这个世界更加美好。

拓展训练

1. 农庄的集体生活是怎样的？

2. 文章中，哪些画面是你喜欢的？

3. 你觉得农庄的集体生活怎么样？

农庄新闻

在农庄里，大家和谐地生活在一起。那么，在他们之间肯定也会发生有意思的事情，接下来我们就一起看看有哪些新闻发生吧！

延伸思考

【拟人修辞】牧草向大家"诉苦"，将其拟人化，生动形象地展现出牧草委屈的形象。

牧草的苦衷

牧草在向大家诉苦，说它们总是受到人们的欺侮。

有些牧草准备开花，有些已经开了，从穗子里伸出了一个柱头，像白色的羽毛一样，花茎非常的细，上面挂满了花粉。但在不经意间，来了很多人，三两下就把牧草割完了。它们没有机会开花了，还得继续生长下去。

森林通讯员做了认真的调查发现，人们把割回来的草晒干，这是为牲口过冬准备的食物。因而，人们不等牧草开花，就已齐根割下，这并没有错。

神奇的药水

神奇的药水喷到杂草上，杂草都死了。对杂草来说，这水是致命的。

可是神奇的药水喷到禾苗上，禾苗却长得很高，一片生机勃勃。对禾苗来说，这药水是救命的。它不仅对它们没有伤害，而且铲除了它们的敌人——杂草。

小猪被晒伤了

在共青团集体农庄里，有两只小猪在散步的时候，被日光晒伤了背，晒伤的地方起了水泡。

人们马上请来了兽医给小猪看病。

在这样炎热的天气里，是禁止小猪外出的，就连和猪妈妈一起出去都不允许。

避暑的人失踪了

河岸集体农庄里新来了两位避暑的女客人。不久前的一天，她们忽然失踪了。大家找了她们半天，才在离河岸集体农庄3公里远的干草垛上把她们找到。

原来她俩迷路了。是这样迷的路：早上，她们到河里去洗澡，记住自己是从淡蓝色的亚麻田里走过去的。午后，她们要回家时，那块淡蓝色的田怎么找也找不到，于是就迷路了。

这两位避暑的女客人不知道亚麻是清晨开花，中午花就凋谢了，这时亚麻田从淡蓝色的变成了绿色的。

延伸思考

【细节描写】小猪被晒伤了，人们立刻请来了兽医。看得出人们非常关爱这两只小猪，十分爱护动物。

延伸思考

【直接描写】由于这两位客人不知道亚麻花是清晨开花、中午凋谢，所以迷路了。再一次让读者感受到大自然里的万事万物非常有趣。

母鸡的功劳

一大清早，村子里的母鸡就要旅行了。这次还不错，可以乘坐汽车，但还是要住进自己的房间里。

母鸡的栖息地是在田地里，那里的麦子已经收割完了。地上有一些麦秆根和麦粒。为了不让这些麦粒浪费掉，就把母鸡请到这里来帮忙。

这里也就成了临时的母鸡村，随时都可以搬家。等母鸡把地上的麦粒捡完了，就会搬到新的地方去。

绵羊妈妈的担忧

人们要把小羊带走了，绵羊妈妈心急如焚。不过，这样也好，小羊已经长高了，总不能还跟着妈妈呀！应该让它们适应独立的生活了。在以后的日子里，小羊们要独自吃草了。

树莓、荼蘼果和醋栗

浆果成熟了，有树莓、荼蘼果和醋栗，它们要从集体农庄被运送到城里。

醋栗不怕路远，它说："带我去吧，我能支持得住。越早叫我越好，我现在还没有熟透，还是硬的。"

荼蘼果说："把我包装得好一点，我能到达目的地。"

可是，树莓灰心丧气地说："别碰我，还是把我留在原地吧！我最怕的事就是颠簸，一旦颠簸，我就可能成为一堆糨糊了。"

延伸思考

【直接描写】这样做不但减轻了人的负担，而且母鸡也吃饱了。让我们感受到人类和动物互相帮助、和谐相处的美好。

延伸思考

【细节描写】自己的孩子被带走了，羊妈妈非常担忧。动物之间也是有感情的，让我们感受到了一位母亲对自己孩子的爱。

延伸思考

【语言描写】通过树莓的"语言"，生动形象地给我们展现出来了树莓怕颠簸的特点。

没有秩序的餐厅

在五一集体农庄的池塘里，有几根木标露在水外。这是一块牌子，上面写着"鱼的餐厅"。在每一个这种水底餐厅里，都摆着一张有边的大桌子。没有椅子。

每天早晨，木牌周围的水，简直像开了锅似的——鱼儿们在心焦地等着吃早饭。鱼是不大守秩序的，它们你碰我撞地乱作一团。

7点钟，大厨房的人乘小船给水底餐厅送饭菜来了。有煮马铃薯、用杂草种子做的团子、晒干的小金虫和许多别的好吃的东西。

在这个时间，餐厅里鱼可真多！——每个餐厅里至少有四百条鱼吃饭。

少年自然科学研究者讲的故事

我们的村子在一片小橡树林旁。林子里很少有杜鹃鸟飞来。即使有，也只是叫几声，然后就不见它的踪影了。今年夏天，我经常会听到杜鹃的叫声。在这个时候，人们把母牛赶到这里来吃草了。

中午的时候，有个牧童跑过来，气喘吁吁地说道："牛疯了！"我们赶快跑到林子里去，到那里时，已经是一团糟！

那场面很吓人的，母牛到处乱跑乱叫，用尾巴不停地打着背，不知东西南北地往树上撞。它们这样会把头撞烂的，也有可能会把我们踩伤。

我们尽快把牛赶到别处去。这是怎么一回事啊！

【场面描写】鱼儿们焦急地等着吃饭，大鱼不守秩序。通过这样的描写，将这个没有秩序、混乱的场面展现出来。

原来是毛毛虫的恶作剧。身上全是棕黄色软毛的大毛虫，有些像小野兽，每一棵橡树上都有这种虫。有些树上已经没有了一片叶子。毛毛虫身上的毛掉下来后，微风吹过，到处乱飞，迷住了牛的眼睛，扎得牛很痛。这可真是让人毛骨悚然呀！

这儿的杜鹃还真不少呀！哎呀，真是让我开了眼界啦！我还从未见过这么多的杜鹃！还有背上带黑条纹的黄鹂，以及有蓝色翅膀的桃红色松鸦。周围的鸟儿都飞到这里来了。

你猜结果会是什么样？橡树都好起来了。不足一周的时间，飞来的鸟儿把毛毛虫都吃光了。鸟儿的功劳可真不小啊！不然，我们这片橡树林就要毁于一旦，这真是太可怕了！

◎尼·巴甫洛娃

延伸思考

【直接描写】飞来的鸟儿将橡树上的毛毛虫吃光了，不但保护了橡树，这些鸟儿也吃饱了。它们之间的互相"帮助"，才使得这个大自然和谐地发展下去。

名|家|点|评

在这个热闹的农庄里，人类、动物、植物在一起生活。我们被带进了一个美好、和谐的世界。只有互相依存，才能创造美好的世界。

拓展训练

1. 避暑的人为什么会迷路？

2. 树莓有什么特点？

3. 为什么说"鱼的餐厅"没有秩序？

打猎

名家导读

　　"打猎"一词，往往会让我们想到很血腥的场面。难道真的是要打猎吗？不，这回的"打猎"可是不一样的。我们一起来看看吧！

既不打野禽，也不打野兽

　　夏季打猎，既不打野禽，也不打野兽。说是打猎，倒不如说是进行一场战争。

延伸思考

【直接描写】既不打野禽，也不打野兽，让读者发出疑问：这是什么样的打猎？引起下文，激发读者兴趣。

　　在夏季，人类有很多敌害。如果有一个菜园，种下了蔬菜，除了给它浇水，还要保护蔬菜免受害虫的侵害。

　　在田地里，可以放稻草人，稻草人有助于把麻雀和别的鸟儿赶走。

　　在菜园里，除了放稻草人，如果不能用木棍把鸟儿们赶走，往往会用猎枪。

会跳的敌人

　　蔬菜上出现了一种脊背上有两道白条纹的小黑甲虫。它们跟跳蚤似的在菜叶子上一跳一跳。大事不好，菜园子要遭殃了。

菜园里的跳甲虫是很可怕的敌人。两三天的工夫，它们就能把几公顷大的菜园子给毁掉。它们把还没长好的嫩菜叶子咬得七孔八洞，把叶子啃成花边似的——于是这片菜园就算是送终了！萝卜、芜菁、冬油菜和甘蓝尤其怕这种跳甲虫。

消灭跳甲虫

我们与跳甲虫展开了激烈的战斗。首先要准备好战斗的武器：找一根长矛，在上面系一面小旗，小旗的两面要涂上胶水，在下方约7厘米的距离不涂胶水。这样，我们的武器就做好了。

拿着它来到菜园里，来回在菜园里走动，并左右挥动小旗，把没有涂胶水的地方贴着蔬菜。

跳甲虫就会向上跳，这时，全都粘在了小旗上面。但这并不是获得了全面胜利。还有很多敌人，正在向菜园子进攻。

第二天早上，在露水还没有干时，就得早早起床，用筛子把烟灰、炉渣或石灰粉撒到蔬菜上面。

整个农庄的菜园子的撒灰工作，不是人工来完成的，而是用我们的小型飞机来完成的。

其他敌人

蛾蝶也对菜园不利，它们会趴在菜叶上产卵，卵会变

为青虫，啃食菜茎。

最有害的蛾蝶，在白天出现的有大菜粉蝶，这种蛾蝶很大，白翅膀上有黑斑点；萝卜粉蝶，颜色和大菜粉蝶差不多，只是个头儿小一点。在夜里出现的有甘蓝螟，它们身子小，翅膀下垂；甘蓝夜蛾，它们是棕灰色的，全身毛茸茸；菜蛾，是一种浅灰色的蛾子，样子像织网夜蛾。

和它们作战，不必带武器，只要搜到它们的卵，把卵按碎就可以了。另外，还可以向菜上撒一些烟灰、炉灰或熟石灰。

还有一种敌人，它们直接进攻人类，这种敌人就是蚊子。

在死水里，就会有许多软体虫游来游去。还有许多看不清的小蛹，头大得跟身子不相称，这是蚊子的幼虫。在沼泽地里，还有蚊子的卵，有些粘在一起，像小船似的浮在水中；有些会附着在沼泽地里的草茎上。

两种蚊子

有两种不同的蚊子。一种蚊子，人被它叮一口，只觉得有点痛，起个红疙瘩。这是普通的蚊子，并不可怕。还有一种蚊子，人被它叮了，就会得"沼泽热"。科学家管这种病叫作疟疾。患了这种病的人，一会儿热得要死，一会儿又冷得要命。觉得冷的时候，冷得直打哆嗦，好个一两天，以后又发起恶寒恶热来。

这种蚊就是疟蚊。从外表上看，两种蚊子长得很像，只是雌疟蚊的吸吻旁还有一对触须。雌疟蚊的吸吻上带有

【直接描写】
作者直接将蚊子视为我们人类的敌人，说明蚊子对人类生活产生很大的干扰。

【直接描写】
一旦被这种蚊子叮咬，就会患病，让人痛苦不堪。直接体现出这种蚊子对人的危害及其严重性，让人害怕。

病菌，当疟蚊叮人的时候，病菌就进到人的血液里去，破坏血球。

因此人就害起病来了。

科学家用倍数很大的显微镜，研究了疟蚊的血液后，才明白了这个道理。而用肉眼是什么也看不出来的。

 ## 消灭蚊子

蚊子非常多，如果只用手去打，这要打到什么时候？在蚊子还是幼虫的时候，科学家就开始想办法对付它们了。

在沼泽里，把玻璃瓶灌满水，水中要带有蚊子的幼虫。接着，滴几滴煤油，观察有何变化。煤油很快在水面上散开，幼虫也开始游动。头大一些的蛹，偶尔会沉到水底，偶尔会从水底快速游上来。

蛹和幼虫想冲破煤油层，都使出了全身的力气，可是，煤油把整个水面都盖住了，没有任何的空隙。最终，它们没有冲破煤油层，无法呼吸，窒息而死。人们在与蚊子做斗争时，就运用了这个方法。

在靠近沼泽的地方，人们经常睡不好觉，因为这里蚊子比较多。要想不被蚊子打搅，就必须往水里倒煤油。

每个月都往死水里倒一次煤油，这样就可以把蚊子的幼虫和蛹全都杀死，这样，蚊子就少了许多。

 ## 是猞猁把牛咬死的

在我们这儿，发生了一件前所未有的事。

【延伸思考】
【细节描写】通过描写这种蚊子叮咬人之后的情形，更加强调了这种蚊子对人的伤害极大，令人害怕！

【延伸思考】
【直接描写】此处运用了一个疑问句，不但加强了语气，而且也突出了蚊子非常多，难以消灭。

牧人助手从牧场跑来，呼喊道："一头没下过崽儿的母牛被野兽咬死了。"

大家一片惊呼，挤奶的妇女们竟哭了起来。

这头被咬死的奶牛，还在展览会上得过奖章呢！

大家都丢下手头的工作，去看个明白。

在草上远处的一个角落里，躺着被咬死的奶牛。它的乳房已被吃掉，后颈被咬破，其他部位却完好无损。

一个猎人说："是熊干的！因为只有熊把猎物咬死后又丢下，然后直到肉发臭才回来吃。"

"一定是这样！"另一个猎人附和着，"现在没有其他的动物有这个能力了。"

"大伙儿都散了吧！"第一个猎人又说，"我们会在树上搭一个观测台，说不定明天晚上熊还会来。"

这时，他们想起了第三个猎人。第三个猎人个子小，在人群中不显眼。

"和我们一起坐下来看守好吗？"前两个猎人问。

第三个猎人走到一边，仔细打量着地上，说："不对，这不是熊！"。

前两个猎人耸了耸肩，随他怎么想吧。

人们四散离去，第三个猎人也走了，第一个、第二个猎人开始在就近的松树上搭观测台。

他们一看，第三个猎人带着猎狗回来了。

第三个猎人又看了看四周，然后向森林中走去。

当天夜里，前两个猎人坐在观测台上设伏。他们坐了一夜，并没有见到熊出现。又坐了一夜，还是没有。到第三夜，同样没有。前两个猎人灰心了，彼此说道："第三

【细节描写】通过描写妇女哭泣这一个细节，体现出人们对这头母牛发生这样的事很害怕、很惋惜。

【正面描写】母牛只有乳房和后颈被咬，其他部位完好无损。此处，让读者产生了疑问：会是什么咬的呢？推动故事情节的发展。

个猎人侦查到了我们没有发现的东西，明摆着的事，熊没有来！"

"那咱们问问他去？"

"问熊吗？"

"为什么要问熊？去问第三个猎人。"

"反正没有办法了，只有去问他了。"

他们来到第三个猎人的家，而第三个猎人刚从外面回来。第三个猎人把大袋子放到角落里，开始清理猎枪。

"你说的没错，熊没来！到底是怎么一回事？"前两个猎人问。

第三个猎人对他们说："如果是熊咬死母牛，它不会只吃它的乳房的。"

两个猎人彼此看了一眼："熊很少做这样的事。"

"那你们看到地上的脚印了吗？"第三个猎人问。

"是的，我们看到了，那脚印的间距很宽，有半米多。"

"那么，爪印大不大？"

两个猎人尴尬极了。

"脚印上没有发现爪印。"

"问题就出在这儿，你们说是什么野兽走路时把爪子收起来的？"

"狼！"第一个猎人说。

第二个猎人说："不对，狼的脚印和狗的一样，只是比狗的大一些，且比较窄。我觉得是猫，因为那些脚印是圆的。""这就对了，"第三个猎人说，"是猫把母牛咬死了。""你在笑我吧？"第二个猎人说。第三个猎人说："你

延伸思考
【语言描】
这两个猎人根据爪印猜测着到底是什么咬死了母牛。推动文章情节的发展，引出下文。

延伸思考
【语言描写】
通过这两个猎人的对话，看得出，是猫咬死母牛的结果很让人吃惊。让读者也没有想到是这样的结果。

们要不相信，看看袋子里装的是什么。"前两个猎人上前揭开袋子，原来是一张有棕红色花斑的大猞猁皮。这表明了是猞猁把牛咬死的。猞猁攻击牛的事件一般很少见，可这事在我们这儿却发生了。

名|家|点|评

　　本文所说的"打猎"并不是猎人拿着猎枪打死动物的血腥场面，而是一场战争，是用科学的方法来消灭蚊子、跳甲虫等等有害的动物。我们在保护大自然的同时，也要保护自己，这就是生存法则。

1. 如何消灭跳甲虫？

2. 人们是怎样消灭蚊子的？

3. 到底是什么动物咬死了那头母牛？

东南西北无线电通报

名家导读

通过前面的文章，我们已经感受到了大自然是非常有趣儿的。那么，接下来的这则无线电通报又要告诉我们什么消息呢？

注意！注意！

这里是列宁格勒《森林报》编辑部。

今天，6 月 22 日，是夏至日，是一年里最长的一天。今天，我们要向全国各地进行一次无线电通报。

苔原！沙漠！森林！草原！海洋！山岳！都请注意！

现在正是盛夏，是白昼最长、黑夜最短的时候。请你们谈谈，现在你们那里是什么情况？

延伸思考

【直接描写】通过这段话，我们可以知道，在遥远的北冰洋群岛是没有黑夜的。不禁感叹：只有白天会是怎样的？

这里是北冰洋群岛

你们说的是什么样的黑夜呀？我们根本忘记了什么是黑夜，什么是黑暗。

我们这里的白昼最长了——整整 24 小时，都是白天。太阳在天上一会儿上升，一会儿下降，根本不往海里落。

像这样差不多要持续三个月。

我们这里总是亮堂堂的，一片光明，因此地上的草长得快极了，像童话里讲的那样，不是一天一天地见长，而是一小时一小时地见长，叶子越来越茂盛，花儿越开越多。沼泽里长满了苔藓。连光秃秃的石头上，都长满了五颜六色的植物。

苔原苏醒了。

不错，我们这里没有美丽的蝴蝶、漂亮的蜻蜓、伶俐的蜥蜴、青蛙和蛇。更没有冬天躲到地底下去、在洞里睡上一冬的那些大大小小的野兽。我们这里的土地，一年到头被冰封锁着，就是在仲夏，也只有地面的一层开冻。

一大群一大群的蚊子，在苔原上空嗡嗡地飞翔，可是我们这里没有以歼灭蚊子出名的飞将军——行动灵活的蝙蝠。它们怎么能在我们这儿住得惯呢？它们只能在傍晚和夜里追捕蚊子呀！可是我们这里整个夏天也没有黄昏和黑夜，所以，就算是它们能飞到这里来过夏，也不成呀！

我们这里的岛屿上，野兽的种类不多。只有旅鼠（一种跟老鼠一样大的、短尾巴的啮齿动物）、白兔、北极狐和驯鹿。难得有大白熊从海里游到我们这儿来，在苔原上摇摇摆摆地走来走去，寻找小动物吃。

不过，我们这里鸟儿可多得很，多得数不清！虽然在各处背阴的地方，还有积雪，但是已经有大批的鸟儿飞到我们这里来了。有角百灵、北鹨、雪鹀、鹨鸰——各色各样的鸣禽。还有欧鸟、潜鸟、鹬、野鸭、雁、管鼻鹱（hù）、海鸟、模样儿挺滑稽的花魁鸟，还有许多稀奇古怪的鸟儿，说起来也许你听都没听过。

延伸思考
【环境描写】童话般的草地、茂盛的树叶等等，让我们感受到了大自然的清新、美好。

延伸思考
【直接描写】通过这段话的描写可知，虽然是在北冰洋群岛，但是鸟的种类依然繁多。

到处是叫声、喧声、歌声。整个苔原，就连光溜溜的岩石上都被鸟巢占据了。有些岩石上，成千上万的鸟巢一个挨一个，连石头上只能容下一个蛋那样大小的坑坑，都被巢占据了，那个闹腾呀，简直像个真正的鸟市场！如果有猛禽胆敢飞近这种地方，那就会飞起一大群鸟儿，向它扑去，叫声惊天动地，简直能震聋它的耳朵，鸟嘴雨点似的啄过去——这些鸟绝不会让它们的孩子受委屈的。

你看，现在我们苔原上有多么快活呀！

你一定要问：既然你们那儿没有黑夜，那么鸟兽什么时候休息、睡觉呢？

它们差不多完全不睡觉——没有工夫睡呀！打个盹儿，又得工作了：有的喂自己的孩子，有的筑巢，有的孵蛋。谁都有一大堆工作，谁都忙得不可开交，因为我们这里的夏季很短呀！

到冬天再睡觉也不晚，冬天，可以睡足一年的觉。

这里是中亚细亚沙漠

我们这里刚好相反，正是睡觉的时间。

我们这里，阳光非常的强烈，许多植物都给晒死了。我已记不起最后那场雨是何时下的。令人惊奇的是，草木并没有全部死去。

带刺的骆驼草，已生长到半米高了，面对太阳的炙烤，它把根扎进很深的地下，深五六米，这样，它就可以吸到充足的水分。

还有一些灌木和草，长满了绿色的绒毛，这样散发的

延伸思考

【细节描写】通过描写鸟儿不让自己的孩子受到委屈这一细节，体现出鸟类的父爱、母爱非常伟大，它们很爱护自己的孩子。

延伸思考

【环境描写】通过这句话，说明在中亚细亚沙漠里阳光强烈、降雨稀少、环境恶劣。

水分就少了。我们这里生长的林木，一片叶子也没有，只有那细细的枝条。

狂风刮起，沙漠中的尘沙像黑云一样，遮住了太阳。突然间，只听到惊叫声和喧哗声，犹如千万条蛇在叫。但这不是蛇，是树木摇摆发出的声响。

小蛇这会儿正在睡觉。小金花鼠和黄鼠最怕的草原沙蛇，也都钻到沙子里面睡觉去了。小野兽们也在睡觉。

小金花鼠的腿细长，挖好洞后，用土块把洞口堵上，以免阳光射进来，接下来，一整天都在洞里睡觉，只有早上出来活动找食吃。

这个时候，它要跑很远的路，费很大的劲，才能找到一棵活着的植物。于是，小金花鼠就钻到了地底下，开始了长期的睡眠，睡过夏天、秋天、冬天，直到第二年春天，才结束它的睡眠。在一年里，只有3个月的时间出来活动。其他的时间都用来睡觉。

蜈蚣、蜘蛛、蚂蚁、蝎子，为了不被太阳晒到，都躲起来了。有的在石头下面躲着，有的在背阴的地方躲着，有的钻入了地下，到了晚上才爬出来。行动迅速的蜥蜴和爬行缓慢的乌龟，这个时候，也都看不到了。

野兽搬家了，搬到靠近水源的地方住了。鸟儿也把雏鸟养大了，并带着它们飞走了。还未离开的，只有飞行速度较快的鹌鹑，它们可以飞到很远的小河边，自己喝足后，再把自己的嗉囊装满水，带回去喂雏鸟。这么远的路程，对于它们来说，不费吹灰之力。待雏鸟长大后，它们就会离开这个鬼地方。

只有人类才不怕沙漠。人们已经掌握了科学技术，在

延伸思考

【比喻修辞】将沙尘比作黑云，更加突出了在狂风骤起时，沙尘暴非常的厉害。也说明了这里的环境比较恶劣。

延伸思考

【细节描写】走了很远的路才找到一棵活着的树。可见沙漠里面的环境极其恶劣，树木难以生存。

能够挖掘水渠的地方，也都挖出了水渠，把山上的水引到这儿，让那荒无人烟的沙漠，变成绿洲，变成农田，变成果园。

在那片沙漠中，狂风成了沙漠的主人，它可是人类最大的敌人。它可以移走沙丘，掀起巨大的沙浪，若要往村子方向移动，可以把房屋全部掩埋。

人们并不畏惧风，人们已经和水、植物联合起来，共同与狂风作斗争，还给风规定了区域，不许它越过这个区。在人工灌溉的地方，树木生长得很旺盛，如同坚固的城墙，青草把细根扎进土里，牢牢抓住沙子，这样，沙丘就不会乱跑了。

在我们看来，沙漠的夏天和苔原的夏天不太一样。太阳高高挂着，可是动物们都在睡觉。动物们在受尽了太阳的折磨后，于夜间出来呼吸新鲜空气。

这里是乌苏里原始森林

这里有很好的森林，它不同于西伯利亚的原始森林，也不同于某些热带雨林。在这里，有松树，有落叶松，还有云杉、阔叶树。

这里的野兽有：普通棕熊和黑熊，兔子、猞猁和豹子，驯鹿和印度羚羊、老虎、红狼和黑狼。

这里的鸟类有：五颜六色的鸳鸯，白头大喙的白鹮，嘎嘎叫的普通鸭，文静温和的琴鸡，美丽多彩的雉鸡，灰色和白色的中国鹅。

在原始森林地带，白天时闷热、灰暗、阳光无法穿透

延伸思考

【直接描写】狂风可以移走沙丘、掩埋房屋，直接体现出狂风的威力极大、伤害极大。

延伸思考

【直接描写】通过这两段话，说明了在乌苏里原始森林里动植物的种类繁多、物种多样。

茂密的树冠。这里的夜晚很黑，白昼也很黑。

所有的鸟类此时都在孵蛋或者哺育幼鸟，所有的野兽幼崽都已经长大，正在学着觅食呢！

这里是库班草原

我们这里，在一望无际的田野上，机器和马拉收割机正在不停地忙碌着。列车把我们这儿生产的小麦运送到莫斯科、列宁格勒。

雕、鹰等一些大鸟，正在田野上空翱翔！

现在也是那些猛禽最适宜的捕食季节，它们可以从很远的地方就看出黄鼠、仓鼠、老鼠、田鼠是否出洞了，然后它们就可以在庄稼都收割了的空地上迅速扑过去，抓住那些有害的小兽。之所以说这些小兽有害，是因为它们吃掉了很多麦穗，幸好有大鸟，不然它们不知要在地下的仓库里存上多少麦粒。

除了那些猛禽可以消灭有害的小兽之外，狐狸也在割过庄稼的田头捕鼠，白鼬也在无情地消灭着那些有害的小兽。

这里是阿尔泰山脉

在低洼的盆地上，又闷热，又潮湿。早晨，露水在夏天的艳阳下，一会儿就蒸发了。晚上，草场的上空浓雾弥漫。水蒸气上升，湿透了山坡，冷却后凝成白云，飘浮在山顶上。你看吧，在天亮前，山顶上总是云雾缭绕的。

延伸思考

【场面描写】美丽的大草原上人们忙碌着，让读者感受到大草原上忙碌而快乐的景象，让人们对大草原心生向往。

延伸思考

【直接描写】通过这几句话，我们可以了解到阿尔泰山脉的气候是潮湿、闷热的。

白天太阳高照，把水变成了蒸气，于是乌云密布，洒下了雨点。

山上的积雪止不住地消融。只在那些最高的白色山峰上，冰封雪积，终年不开冻。那里有大片的冰原、冰河。在那很高很高的地方，实在是冷极了，连中午的太阳都晒不化那里的冰雪。

可是在这些山顶下，一股股雨水和雪水奔流着，汇集成一条条山溪，沿山坡滚滚而下，从岩石上直泻下来，成为瀑布。这水一直朝下面的江河里流去。河里的水太多了，就暴涨起来，漫出河岸，在盆地上泛滥。

在我们这儿的山上，真是应有尽有：底下的山坡上是大森林；往上是肥沃的高原草场——一种独特的高山草原；再往上是一片苔藓和地衣，好像和遥远的、严寒的苔原一样。至于山顶呢，那里是常年冰天雪地，跟北极一样，那里永远是冬天。

在那极高的地方，既没有飞禽栖息，也没有走兽穴居。只有强悍的雕和兀鹰才偶尔飞到那里去，用锐利的眼睛从云端里往下望，搜寻要猎取的小动物。可是山顶以下，就好像一座有许多层的大厦似的，住满了许许多多各色各样的居民。它们各自占着一层，谁该住在多高的地方，就住在多高的地方。

最高一层是光秃秃的岩石，雄野山羊攀登到那儿去住下了。住在下面一层的，是雌野山羊和小野山羊；还有跟雌火鸡一样大的山鹑。

在肥沃的高山草场上，住着一群群犄角直溜溜的山绵羊——羱羊，它们在那儿吃草。雪豹跟到了那里去猎取它们。那里既是肥壮的旱獭聚居的地方，又是鸣禽群集的地方。再往下，就是大森林了，里面有松鸡、雷鸟、鹿、熊

【细节描写】连中午的太阳都晒不化那里的冰雪，通过这一个细节足以看得出这里的温度非常低，极其寒冷。

【正面描写】动物们合理地分配着自己的居住空间，谁也不侵犯谁。体现出动物之间和谐相处的场面。

等等。

从前，只在盆地里才播种麦子。现在我们的耕地越来越往山上扩展了。在那样高的地方，已经不是用马来耕地，而是用高山上的长毛牛——牦牛——来耕地了。我们费了很多的劳力，要从我们的土地上得到最大的丰收。我们一定能达到目的！

延伸思考

【直接描写】
耕地面积逐渐扩大，牦牛代替了马，劳动力逐渐强大，预示着大丰收的到来。

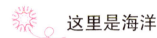

这里是海洋

我们伟大的祖国三面濒临海洋。北面是北冰洋，东面是太平洋，西面是大西洋。

我们乘坐轮船，穿过芬兰湾和波罗的海，到达大西洋。在这里，我们经常会遇到外国的船只，有英国的、丹麦的、挪威的、瑞典的、德国的。这些船有的是邮船，有的是商船，还有渔船。在这里可以捕捞鳘（mǐn）鱼和鲱（fēi）鱼。

从大西洋起航，来到了北冰洋。沿着欧、亚两洲的海岸线，就是北方航线。这儿是我们的领海，是勇敢的俄罗斯人开辟的航线。这里被厚厚的冰给封住了，随时都会有生命危险，因而，在以前，人们认为这是条死路，无法打通。但如今，我们驾驶着许多船只，由破冰船开道，沿着这条航线航行。

延伸思考

【直接描写】
道路被冰封住，被人们认为是死路，随时会有生命危险。说明了这里环境非常恶劣。

这里非常荒芜，但却可以看到神奇的景色。刚开始我们经过大西洋的暖流。前面就是漂浮的冰山，在太阳的照射下闪闪发光，照得人眼睛都睁不开了。我们捉到了许多鲨鱼和海星。

再往前行，这股暖流转而向北，流向北极地区。那里有宽大的冰原，在水面上缓慢地移动着，有时合在一起，有时会分开。我们的飞机在上面进行侦察，并向船只发送信息，哪里容易通过。

在北冰洋的岛屿上，有成群结队的大雁，它们正值脱毛期，身体非常虚弱。它们翅膀上的翎都脱落了，无法飞行，很容易就把它们赶进网里去。我们看到了海象，刚从水里钻出来，在冰面上休息。还看到了长相古怪的海豹。有一种海豹，头上有个大皮囊。它们会突然把气囊吹鼓，仿佛戴着大头盔。还有让人害怕的逆戟鲸，它们长着锋利的牙齿，行动敏捷、迅速，它的猎物是鲸和幼鲸。

延伸思考
【直接描写】
长着锋利的牙齿、吃鲸和幼鲸，不得不让人对这种逆戟鲸鱼产生害怕和恐惧。

在这里，我们就不再谈论鲸了，留到下次谈吧！到了太平洋时，我们再来谈论它，那里的鲸比较多。

现在，我们再会了！我们的夏季无线电通讯到这里就结束了。下次的播出，会在 9 月 22 日举行。

名家点评

通过这则无线电报，我们领略了各个地方的风采。有广阔的草原、美丽的海洋等等，让我们感受到大自然的丰富多彩，感受到了大自然的伟大。我们一定要尽自己的所能去爱护大自然，珍爱我们的大自然。

打靶场

第四场竞赛

1. 夏季从哪一天开始，这一天有什么特征？

2. 什么鱼会编织自己的家？

3. 什么小兽在草丛和灌木丛里编织自己的家？

4. 什么鸟儿不搭巢，喜欢在土坑和沙里哺育幼鸟？

5. 蝌蚪是先生长出前腿还是后腿？

6. 普通刺鱼的刺在什么地方？有多少根？

7. 毛脚燕和家燕的窝有什么区别？

8. 为什么不能用手去碰鸟儿的蛋？

9. 雄的萤火虫有翅膀吗？

10. 哪种鸟儿的家用鱼骨做垫子？

11. 为什么苍头燕雀、柳莺的窝在枝头上很少见？

12. 所有的鸟儿都在夏季孵一次小鸟吗？

13. 我们这儿有没有捕食动物的植物？

14. 在水下，什么动物用空气做窝？

15. 什么动物在孩子还没有出生时就把它送去教育？

16. 飞行的老鹰不怕路长，个头儿不大，张开翅膀时遮住了前面的太阳。（谜语）

17. 森林倒了，高山却起来了。（谜语）

18. 我们的肚子在田野上晃荡。（谜语）

公告栏

火眼金睛测试赛（三）

谁住在这儿?

花园里有两个树洞，两个树洞内都有小鸟的叫声。仔细辨别，你能知道这两个洞里分别是什么鸟儿吗?

（图1）

住在地下的是什么动物，我们很少看得见它们?

（图2）

住在这些洞穴里的是什么动物？

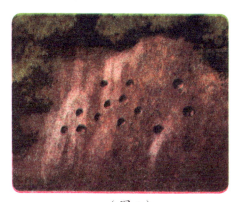

（图3）

树上用苔藓做的这个小房子，是哪种动物的家？

（图4）

这两个洞很像，也是同一只动物挖的，可在里面住着不同的动物，你知道两个洞里各住着什么动物吗？

（图5）

请不要掏鸟窝

我们这里的小朋友，常常喜欢掏鸟窝。他们只是淘气才这么做的，但他们有没有想过，这样做会使自己和祖国蒙受多大的损失？据科学家说，每一只鸟儿都可以在夏天给树林和农田带来好处。每一个鸟窝里有几个到几十个鸟蛋，你可以算算，毁掉一个鸟窝，会带来多么大的负面影响。

宣传保护鸟类

我们大家来组成一个爱鸟保护队，不许任何人去掏鸟窝。不让猫咪跑到那里去把鸟儿赶出来。我们得向所有的人宣传，为什么要保护鸟类，鸟类是怎样出色地保护我们的森林、田野和果园的。我们要拯救鸟儿，它们是害虫的克星，是我们的朋友。

NO. 2

森林报·夏
第5期　雏鸟出世月

7月21日到8月20日　太阳进入狮子宫

一年：分作12个月的太阳诗篇

名家导读

　　七月，一个炎热的月份，也是一个粮食、水果成熟的月份。我们最该感谢的是大自然，是它赐予我们这些。接下来，我们一起来看看，都有什么成熟了吧。

　　7月——夏季的头顶——不知什么是疲倦地在整顿着世界，它命令稞麦深深地鞠躬，把头低到底；燕麦已穿上了长衫；荞麦却连衬衣都没套上！

　　绿色的植物用阳光为自己制造身体。成熟的稞麦和小麦像一片金黄色的海洋。我们把它们贮藏起来，够吃一年的呢。我们为牲口贮藏干草——一片片的青草已经割倒

延伸思考

　　【比喻修辞】将成熟的稞麦和小麦比作金色的海洋，形象生动地展现了一片喜获丰收的景象。

了，堆起了一座座干草垛。

小鸟儿变得沉默起来：它们现在顾不上唱歌了。所有的鸟巢里都有了雏鸟。雏鸟刚出世的时候，身上光溜溜的、没有毛，眼睛是瞎的，很长一个时期需要父母的照料。现在地上、水里、林里，甚至于空中，有的是雏鸟的食物——大家都够吃！

森林里到处是小巧玲珑的多汁的果实——草莓、黑莓、大覆盆子和醋栗；在北方，有金黄色的桑葚钩子；在南方果园里，有樱桃、洋莓和甜樱桃。草场脱掉了金黄色的衣裳，换上了缀着野菊的花衣裳——雪白的花瓣反射着灼热的太阳光。跟光明之神太阳，现在可开不得玩笑——它的抚爱会把受抚爱者烧伤呢！

延伸思考
【夸张修辞】夏天的太阳将人灼伤，运用了夸张的手法体现出夏天太阳的毒辣。

名|家|点|评

这是一个金黄色的季节，是一个收获的季节。成熟的稞麦和小麦、鲜美的果实，都是大自然赐予我们的我们要学会感恩大自然，是它给了我们一切。

1. 绿色植物用什么给自己制造身体？

2. 刚出世的雏鸟是什么样的？

3. 这个时候、都有哪些果实成熟了？

森林大事记

森林中生活着各种各样的动物，每种动物都有自己的生活方式和特点。在接下来的文章里，我们又会接触到很多鸟类，它们有什么样的特点呢？我们一起来看看吧。

谁的孩子多呢

在罗蒙诺索夫城外的森林里，有一只雌麋鹿在那里生活着。今年，它生下了一只小麋鹿。

有一种雕，它的尾巴是白色的。它也生活在这个森林里，巢里有两只小雕。

黄雀、燕雀和鸦鸟，它们各孵出 5 只小鸟。

啄木鸟有 8 个孩子。

长尾山雀孵出 20 只小鸟。

野山鹑有 20 个孩子。

在刺鱼的巢里，每一个鱼卵都孵化出一条小刺鱼，足有 100 多条。

一条鳊（biān）鱼下的卵，可以孵化出几十万条小鳊鱼。

一条鳘鱼孵化出的小鱼，数目比较多，有几百万条呢！

延伸思考

【列数字】动物们繁衍着自己的后代，通过列数字、举例子说明了动物繁衍的数量之多，也说明了大自然生机勃勃。

失去亲人的孩子们

鳊鱼和鲨鱼有着共同的爱好，总是把自己的孩子抛下不管。它们一旦生下鱼子，就不知去向了。小鱼如何孵化、如何找东西吃，都要靠自己。若是你有上百万个孩子，不这样做怎么能行呢？你不可能每个孩子都照顾到。

一只青蛙有1000个孩子，因而，它也不管它的孩子。

事实上，没有亲人的照顾，它们要生存下来比较艰难。水里有许多坏家伙，它们喜欢吃鱼子和青蛙卵，以及美味的小鱼和小青蛙。

在长成大鱼和青蛙以前，它们要经历多少危机，有多少小家伙被吃掉？想一想，我们都觉得可怕！

延伸思考
【直接描写】这些孩子没有人照顾，只能自己生存下来，而且随时会遇到危险。说明了这些孩子成长的艰难，也很可怜。

有爱心的父母

麋鹿妈妈和鸟妈妈，是世界上最疼爱孩子的动物，她们对自己的孩子照顾得无微不至。

麋鹿妈妈为了自己唯一的孩子，时刻准备着把生命献给它。如果熊要袭击小麋鹿，妈妈就会竭尽全力保护孩子，它用前腿踢，用后腿蹬，这样一来，熊就不敢靠近小麋鹿了。

森林通讯员在田野里遇到一只小山鹬。小山鹬从通讯员的前脚边跳出来，迅速钻入草丛里躲起来了。

通讯员捉住了小山鹬，它就开始叽叽地叫着。这个时

延伸思考
【举例子】麋鹿妈妈会拼命保护自己的孩子，通过这一事例，说明了麋鹿妈妈非常爱护自己的孩子。

候，山鹑妈妈不知从哪里飞来，看到自己的孩子被人捉住，不停地叫着，声音越来越响，不顾一切就向通讯员扑过来，然后，身子摔到地上、翅膀耷拉着。

我们的通讯员以为山鹑妈妈受伤了，把小山鹑放到地上，就开始追它了。

山鹑妈妈走路时，左右摇晃，我们一伸手就要抓到了，可是山鹑妈妈突然往一边闪，又抓不到了。就这样追着，追着，山鹑妈妈突然间飞起来了，了无声息地飞走了。

这个时候，我们的通讯员知道上当了，赶快回去找小山鹑，已不见了小山鹑的踪影。原来山鹑妈妈是故意装作受伤，把我们的通讯员引开，好救出自己的孩子。它对每一个孩子都细心照顾，可见妈妈有多么疼爱自己的孩子，那是因为它的孩子不多，一共才20只。

延伸思考
【直接描写】
山鹑妈妈奋不顾身扑向通讯员，这一动作，彰显出一位母亲对孩子无私、伟大的爱，令人敬佩。

鸟儿的工作日

黎明时分，鸟儿就开始忙活了。

椋鸟每天工作17个小时，雨燕每天工作19个小时，家燕每天工作18个小时，翁（wēng）每天工作20个小时以上。

我做过调查，确实是这样。

它们为什么工作那么长时间，想偷偷懒不行吗？

要给雏鸟送食物喂饱它们，雨燕每天要送30到35次，椋鸟每天要送大约200次，家燕每天要送300次，翁每天要送450次以上。

每一个夏季，它们所消灭的森林害虫和幼虫，根本数

延伸思考
【列数字】
通过列举几种鸟类每天工作的时间，可以看得出它们每天工作的时间很长，很辛苦。

不清楚。

它们一直在努力工作呀！

◎森林通讯员　斯拉德科夫

小岛上的领地

在小岛的沙滩上，有许多小海鸥在那里避暑。

到了晚上，它们就各自找一个小沙坑睡在里面，沙滩上到处都是沙坑，因而，这里成了海鸥的天下了。

到了白天，大海鸥就带着小海鸥出去了，教小海鸥飞行、游泳和捉小鱼的技巧。

海鸥妈妈一边教孩子，一边保护好它们，时刻警惕着，以防备外敌侵犯。

如果有敌人来了，它们就会全部飞起来，咕咕地叫着，朝敌人扑过来，它们的团结一致，让敌人闻风丧胆。就连海上的白尾雕，都会仓皇逃跑的。

延伸思考

【直接描写】通过描写海鸥妈妈教小海鸥本领和教会它们如何保护好自己，体现出一位母亲对自己孩子的爱护和责任。

鹈鹕和沙锥幼鸟

这是一只刚从蛋壳里孵出的小鹈鹕（tí jiān）。嘴部有个白色的小疙瘩，这是个"啄壳齿"。小鹈鹕在从蛋壳里出来时，就会用"啄壳齿"把蛋壳啄破。

小鹈鹕长大后，就成了一个凶猛的家伙，啮齿动物看到它，都会心惊肉跳。

现在，它还是小家伙，身上长满了绒毛，眼睛还未睁开呢。

【直接描写】动物看到长大后鹈鹕会吓得心惊肉跳，直接写出了这种动物的可怕。

它显得很娇气，时刻都不会离开父母。若是没有父母的抚养，它很难活下去。

在雏鸟堆里，有一个凶恶的家伙很不讲道理。它们刚破壳而出就会跳起来，稳稳当当地站在那里。它们自己会找食物吃，不怕水，也不怕任何敌人，自己会躲避敌人。

你看这两只小沙锥。它们刚出壳一天，就离开了家，自己找到了蚯蚓，吃得多香啊！

沙锥下的蛋比较大，那是为了小沙锥在里面长得更强壮一些。

我们刚说过的小山鹑，也是很顽强的。它刚破壳而出，就会奔跑。

还有秋沙鸭。它刚出生，就左摇右晃地走到小河边，不加考虑，就跳入了水中，快乐地游着。这时，它已经会潜水了，还会伸懒腰，与大野鸭没什么两样。

旋木雀的孩子有些娇宠。它要在巢里待上两周，现在从巢里飞出来了，在树墩上蹲着。

你看它不满意的表情，原来是挨饿了，它妈妈大半天没有给它东西吃了。此时，它正在生气呢！

它从出生到现在，都已经快三个星期了，还是那样啾啾地叫着，还要妈妈给它喂食吃。

延伸思考
【细节描写】小沙锥破壳而出的第一天就可以自己寻找食物，说明了小沙锥自理能力非常强，本领强大。

延伸思考
【直接描写】小旋木雀已经出生很长时间了，还让旋木雀妈妈喂食，不满时还生气。充分体现了小旋木雀娇宠的特点。

奇怪的鸟儿

我们从全国各地的来信中了解到，他们都在说同一件事，说是遇到了一种奇怪的鸟儿。在这个月里，人们在莫斯科附近、阿尔泰山上、卡玛河流域、波罗的海上、亚库

特和哈萨克斯坦，都遇到过这种鸟儿。

这种鸟非常漂亮、可爱，长得很像钓鱼用的浮标。它们很相信人类，就是离它只有五步远，它都不会离开，依然在那里游来游去，丝毫没有害怕的意识。

现在，其他的鸟儿都在巢里待着，或者是在照顾自己的孩子，但这种鸟儿不会这样做，它们成群结队，长途旅行，要游览全国。

让人惊奇的是，这些漂亮的小鸟都是雌鸟，其他的鸟，都是雄的毛色比雌的鲜艳漂亮，而这种鸟刚好相反，雄鸟身上灰灰的，雌鸟比较漂亮。

更让人惊讶的是，这些雌鸟不照顾自己的孩子。在很远的北方苔原上，雌鸟把蛋产在小坑里后，就飞走了！雄鸟则留下来孵蛋，抚养雏鸟，保护雏鸟。

真是奇怪！

这种鸟就是鳍（qí）鹬，它是鹬的一种。

无论在哪里，都可以见到它。今天在这里出现，明天就会在那里出现。

延伸思考

【直接描写】一般来说都是妈妈照顾孩子，而这种鸟不一样。由雄鸟来照顾孩子，说明这类鸟很奇怪。

名|家|点|评

通过这篇文章，我们了解到各种各样的动物，包括鸟类不同的生活方面也是各有特点。正是因为他们的各种特点，才组成了这个丰富多彩的大自然，才会让大自然变得更加有趣。

林中轶事

大森林里生活着各种动物和植物，会有很多有意思的事情发生。接下来，我们一起去听闻一下森林里的趣事吧。

可怕的雏鸟

娇小、纤细的鹟莺妈妈，在巢里孵出6只光身子的雏鸟。5只雏鸟都挺像样子，第6只却是个丑八怪——浑身上下的粗皮，青筋暴露，一个大脑袋，两只凸眼睛，眼皮耷拉着。它一张嘴，保管吓得你倒退三步——这哪儿像鸟嘴呀！简直是野兽的血盆大口！

出世头一天，它安安静静地躺在巢里。只在鹟莺妈妈衔了食物飞回来的时候，它才费劲地抬起沉甸甸的胖脑袋，张开大嘴，好像说："喂吧！"

第二天，在凉飕飕的晨风里，鹟莺爸爸和鹟莺妈妈飞出去寻食。这时候，它就骨碌骨碌地动起来了。它低下头去，抵住巢底，又开两腿，开始往后退。

它的屁股撞着了它的小兄弟，就开始把屁股往那个小兄弟的身底下塞，又把光秃秃的弯翅膀向后面甩。接着，像使用钳子似的，用弯翅膀把那个小兄弟夹住了。它就这

【夸张修辞】将这只鸟的嘴说成是野兽的血盆大口，运用夸张的手法将雏鸟可怕的形象淋漓尽致地展现在读者面前。

么着，把那个小兄弟掮在背上，一个劲儿往后退，直退到巢的边缘。

小兄弟个儿小，身体弱，眼又瞎，它那脊梁根洼洼不住地摇晃着，好像盛在汤匙子里似的。丑八怪用脑袋和两脚撑住巢底，把背上的那个小兄弟直往上抬，越抬越高，直抬到跟巢边一般齐了。

那时节，丑八怪浑身一使劲，屁股猛的一掀，就把小兄弟掼到巢外头去了。

鹡鸰的巢是做在河边悬崖上的。

可怜那才一点点大的、光溜溜的小鹡鸰，扑通一声掼在石头上，跌了个稀巴烂。

可是凶恶的丑八怪自己，也差一点从巢里掉出来。它的身子在巢边上摇摇晃晃，晃晃摇摇，结果亏得胖脑袋瓜儿沉，才总算重新把身子坠回巢里去了。

这可怕的勾当，从开始到收场，一共只花费了两三分钟。

后来，丑八怪筋疲力尽地在巢里躺了一刻钟光景，一动也不动。

鹡鸰爸爸和鹡鸰妈妈飞回来了。丑八怪伸长青筋暴露的脖子，抬起沉重的大脑袋，迷迷糊糊地耷拉着眼皮，若无其事地张开嘴巴，尖声叫了起来，意思说："喂我吧！"

在它出世的第12天，它才生出羽毛。那时候真相大白了：老鹡鸰俩真倒霉透了，原来它们抚养大了一只杜鹃丢弃的孩子。

可是小杜鹃叫得可怜极了，活像它们自己的那些死去了的孩子；它抖动着翅膀，动人地叫着，张开嘴要东西吃。那纤小、温柔的老两口怎么能拒绝它，看它活活饿死呢？

老两口的日子过得怪苦的，成天忙忙碌碌，连自己的肚皮都没工夫填饱，从日出忙到日落，只是为了给养子小杜鹃送肥美的青虫。它们衔了虫儿，整个脑袋都伸进它的血盆大口，这才把食物塞在它那贪得无厌、无底洞似的大喉咙里去。

一直忙到秋天，它们才把它喂大。杜鹃长大就飞走了，一辈子也没再跟养父养母见过面。

小熊洗澡

有一天，我们的朋友——一位猎人——沿林中小河的岸边走着，忽然听见一阵惊天动地的响声，喀啦喀啦，像是树枝折断的声音。他吓了一跳，急忙爬上了树。

从丛林里走出一只棕色的大母熊，带着两只活蹦乱跳的小熊；还有一个一岁大的熊小伙子，它是熊妈妈的大儿子，现在俨然是两个小兄弟的保姆了。

熊妈妈坐了下来。

熊小伙子咬住一只小熊颈后的皮，把它叼了起来，往河水里浸。

小熊尖声怪叫起来，四脚乱蹬。可是熊小伙子紧咬着不放，直到把它浸在水里，洗得干干净净，这才罢休。

另外一只小熊怕洗冷水澡，一溜烟儿逃进树林里去了。

熊小伙子追上去，就给了它一顿巴掌，然后照样把它浸在水里洗。

洗着，洗着，熊小伙子一个不小心，把小熊掉在水里了。小熊大叫起来！熊妈妈立刻跳下水去，把小熊拖上

【直接描写】真相大白，原来这只雏鸟是小杜鹃。但是老两口并没有因此而丢弃小杜鹃，还是一样耐心地喂养它。说明这老两口非常善良。

【场面描写】熊妈妈领着活蹦乱跳的小熊、懂事的大儿子，这个场面让我们感受到了熊妈妈一家和谐、愉快的氛围。

延伸思考

【动作描写】
立刻跳下、拖、狠狠地打这一系列动作，看得出熊妈妈非常担心洗澡的小熊，心里很着急。

岸，然后狠狠地打了熊小伙子几个耳光，打得它干嚎起来。这个可怜的家伙！

两只小熊上了岸，看来倒是觉得洗完澡挺痛快似的：火盆一般的天气，它们穿着毛茸茸的厚皮大衣，正热得要命呢！在冷水里浸了这么一下，它们凉快多了。

洗完澡，熊妈妈带着孩子又回到树林里去了。猎人这才爬下树，回家去了。

浆果

许多种浆果都成熟了。人们正在果园里采树莓、红醋栗、黑醋栗和酸栗。

在树林里也可以找到树莓。树莓是一种丛生的灌木。它的茎很脆，你要是从一片树莓间走过去，就免不了要把它的茎碰断。那时你就会听到脚底下噼里啪啦一阵响。不过，这对树莓并没有什么害处。现在生着浆果的这些茎，只能活到冬天。瞧，这是它们的下一代。从它们的地下茎上，有无数鲜嫩的地上茎钻出了土。它们是毛茸茸的，满是细刺儿。明年夏天，就轮到它们开花、结果了。

延伸思考

【直接描写】
从一片树莓间走过去，就会把它的茎弄断，直接说明树莓的茎非常的脆弱。

在灌木林和草墩旁，在伐木场的树墩旁，越橘要成熟了。浆果的一面已经红了。

越橘也是小灌木，浆果一堆堆生在茎梢上。有几棵越橘一串串的浆果又多、又大、又重，坠得茎都弯下来，躺在苔藓上了。

真想挖出这样一棵小灌木，移植到自己家里来，培育一下试试看，看浆果能不能变大一些。但是，如果不让它自由自在地生长，那可不会成功。越橘的确是一种很可爱的浆果。它的浆果可以保存一冬。吃的时候，只要把它用开水一冲或者捣碎，就会有浆液出来。

为什么这种浆果不会腐烂呢？因为它自己有个防腐的好办法。它含有一种安息酸，安息酸是可以防止浆果腐烂的。

【设问】运用疑问句式，先提问，再解答，说明了浆果不会腐烂的原因。

◎尼·巴甫洛娃

猫奶大的兔子

今年春天我家的老猫生了几只小猫，后来小猫全都送走了。恰好就在这一天，我们在树林里捉到一只小兔子。

我们把小兔子放在老猫身边。老猫的奶水正多，所以它很乐意喂小兔子。

这么着，小兔子就吃老猫的奶，渐渐长大了。它俩挺要好，连睡觉也总在一起睡。

最可笑的是：老猫教会了它的养子小兔儿跟狗打架。只要有一只狗跑到我们院子里来，猫儿马上扑过去，拼命地乱抓。小兔子也跟在后面赶过去举起两只前脚捶鼓似的向狗身上打去，打得狗毛直飞。邻近的狗都害怕我们家的老猫和老猫的养子——小兔。

【直接描写】小兔子竟然将狗打得毛都挓起来了，说明在猫的教导下，小兔子也变得越来越利害。

当面瞒过

一只大鹞鸽发现一只琴鸡带着它的一窝黄绒绒的小

琴鸡。

它想：这回我可以饱吃一顿了。

它看准了它们，正想打半空中扑下去，却被琴鸡发现了。

琴鸡叫了一声，小琴鸡一下子都不见了。鹞鸰左瞧右瞧——一只也没有了，好像钻进地缝里去了似的！鹞鸰没办法，只好飞去找别的东西吃。

琴鸡又叫了一声，立刻，在它的身边，黄绒绒的小琴鸡都跳了起来。

它们并没有逃遁，只不过躺在那儿，身子紧贴着地面。你试试看，从半空里怎样把它们跟树叶、青草和土块区别开！

【心理描写】鹞鸰想着这次可以饱餐一顿了，说明它心里在打算盘，想把琴鸡吃掉。

可怕的花

在林中的沼泽地上，有一只蚊子飞过。它飞着，飞着，觉得累了，想喝点什么。它看见一棵草——绿色的茎儿，茎梢上挂着白色的小钟儿，下面是一张张圆圆的紫红色小叶子，在茎周围丛生着。小叶子上有毛毛，毛毛上闪烁着一颗颗亮晶晶的露珠。

那只蚊子落在一片小叶子上，伸过嘴去吸露珠。哪知露珠是黏糊糊的，把蚊子的嘴给粘住动不了啦。

忽然，所有的毛毛都动弹起来了，像触手似的伸过来，把蚊子捉住了。小圆叶子合拢来，把蚊子裹在里面不见了。

过了一会儿，叶子又张开来时，一张蚊子的空皮囊掉

【直接描写】一只蚊子被这棵花吃的只剩下皮囊，直接写出了这棵花是非常让人害怕的。

在地上——蚊子的血被花儿吸光了。

这是一棵可怕的花，吃虫的花，叫作毛毡苔。它会把小虫儿捉住吃掉。

在水底下打架

在水底下生活的小孩子，跟在陆地上生活的小孩子一样，也喜欢打架。

两只小青蛙跳进了池塘，看见那里面有个怪里怪气的蝾螈、细长身子，大脑袋，四条短小的腿儿。

"多么可笑的一个怪物呀！"小青蛙心想，"应该跟它打一架！"

一只小青蛙咬住大脑袋蝾螈的尾巴，一只小青蛙咬住它的右前脚。

两只小青蛙使劲一拉，蝾螈的尾巴和右前脚给小青蛙扯断了，蝾螈却逃走了。

过了几天，小青蛙又在水底碰见这只小蝾螈。现在，它可成了真正的怪物——在原来是尾巴的地方，长出一只脚爪；在拉断了的右前脚的地方，长出了一条尾巴。

蜥蜴也是这样：尾巴断了，能重新长出一根尾巴来；脚断了，能重新长出一只脚来。而蝾螈在这方面的本事，比蜥蜴还要大。不过，有时会长得七颠八倒：在它们断了肢体的地方，会长出个跟原来的肢体不相符的东西。

延伸思考

【直接描写】生活在水底的动物容易和陆地上的动物打架，引出下文中青蛙和蝾螈打架。

延伸思考

【直接描写】蝾螈能在身体某个残缺的部位长出与身体不相符的东西来，这与上文蝾螈的"怪物"形象相呼应。

欢迎水来冲

我想给你们讲一种植物——景天（俗名"八宝"）。现在它们已经开过花了。我非常喜欢这种小植物，特别喜欢它那厚厚的、鼓鼓囊囊的灰绿色小叶子。小叶子密密层层地生在茎上，把茎都遮得看不见了。景天的花儿也很好看，是颜色鲜艳的小五角星星。

这会儿景天的花已经谢了，结了果实。果实也是扁扁的小五角星星。它们紧紧地关闭着。你可别以为果实关闭着，就没有成熟。在晴天，景天的果实总是这么关闭着的。

现在，我可以要它们张开来。只要从水洼里打点水来就成了。只要一滴就够了。把这一滴水正好滴在小星星的中间。于是我的目的就达到了：果壳张开来了。瞧，露出种子来了。景天的种子不像许多植物那样怕水冲。相反地，它们欢迎水来冲。再滴上两滴水，种子就顺着水淌下来了。水把它们冲走，传播到别的地方去。

帮助景天传播种子的，不是风，不是鸟，也不是兽，而是水。我看见过一棵景天，生在陡峭的岩石的缝里。是顺着石壁往下流的雨水，把景天的种子带到那儿去的。

◎尼·巴甫洛娃

延伸思考

【正面描写】好看的叶子、颜色鲜艳的花朵，写出了景天这种植物非常漂亮的样子。也说明了作者对这种植物的喜爱。

延伸思考

【直接描写】景天播撒种子的方式与其他植物不同，需要借助水来冲走。写出了景天这种植物的特别。

小矶凫学游水

我到湖边去洗澡，看见一只矶凫教它的小矶凫游水，教它们见了人怎样躲闪。大矶凫像只船似的漂浮在水面，

小䴙䴘在潜水。小䴙䴘往水里一钻，大䴙䴘就游过去东张西望。最后，它们在芦苇旁钻出了水面，游到芦苇丛里去了。于是我就开始洗澡了。

◎ 森林通讯员　波波夫

有趣的小果实

荷兰牻牛儿是长在菜园里的一种杂草，果实非常有趣。这种植物本身一点也不漂亮，蓬蓬松松、散散乱乱的。它开的紫红色花，也平常得很。

现在，一部分花儿已经谢了，每个花托上凸起个"鹳嘴"似的东西。原来每个"鹳嘴"，是5个尾部生在一起的种子。很容易把它们分开。这就是荷兰牻牛儿的鼎鼎大名的种子。它上面有个尖儿，下面好像有条尾巴，是毛茸茸的。尾巴尖儿弯弯的，像把镰刀，底下扭成根螺旋似的。这根螺旋一受潮就会变直。

我把一个种子夹在两个手掌中，哈一口气。它果然转动起来了，芒刺搔得手心怪痒的。可不是吗！它拧开来了，直了。

这种植物干吗要玩这样一套把戏呢？是这么一回事：这种种子脱落的时候，戳在地上，用那镰刀似的尾巴尖儿钩住小草。天气潮湿的时候，螺旋绕开来，它一转，尾巴尖儿的种子便钻到土里去了。

种子再想出来可办不到——它的芒刺是往上翘的，顶住上面的泥土，不让它出来。

这有多么巧妙啊！植物自己会把自己的种子播到土

延伸思考

【比喻修辞】
把种子上的"尖儿"比作弯弯的镰刀，形象生动地将这种子的形状展现出来。

延伸思考

【直接描写】
种子玩这样的把戏，是为了钻到土里去。植物自己将种子种进土里，更加体现出这种子确实是非常有趣儿的。

里去。

在湿度计发明以前，人们早就利用荷兰牻牛儿的果实来测量空气的湿度了。可想而知，这种果实的小尾巴灵敏到什么程度。人们把这种种子固定在一个地方，于是它的小尾巴就仿佛湿度计上的"指针"，移动着，指出空气的湿度。

◎尼·巴甫洛娃

延伸思考

【直接描写】人们利用这种植物的果实来测量空气的湿度，体现出人们的智慧，也让我们再一次知道了大自然对人类是非常有帮助的。

小䴙䴘

我在河岸上走着，看见水面上有一种小飞禽。说它们是小野鸭吧，又不十分像；说它们是别种野禽吧，可它们像野鸭的成分又太多了。我心想：这到底是个什么呢？野鸭的嘴应该是扁的呀！它们的嘴却是尖尖的。

我急忙脱下衣裳，凫着水去追它们。它们躲开了我，爬上了对岸。我追了过去，眼看要逮住了，它们却又逃回水边。我又追了过去，它们又逃开了。它们就这样引着我顺流而下，可把我累坏了，差一点爬不上岸！这么着，我到底也没有逮住它们。

后来，我又看见过它们好几次，不过，我没有敢再下水去追它们。原来它们不是小野鸭，是䴙䴘的雏儿——小䴙䴘。

◎森林通讯员　阿·库罗奇金

延伸思考

【直接描写】说这种动物既不像野鸭，又不像别的家禽，引起读者兴趣，为下文揭开这个动物到底是什么埋下伏笔。

夏末的铃兰

8月5日，小河边，我们家的花园里，栽着铃兰。大科学家林内给这种5月里盛开的花儿，取了个拉丁文的名字叫作"空谷百合"。我最爱这种花，比什么花都爱。我爱它那小铃铛似的花朵，白玉般洁净朴素；爱它那有弹性的绿茎；爱它那清凉而鲜嫩的长长的叶子；爱它那美妙的香气！总而言之，它整个儿是那样的纯洁而富于朝气！

春天，大清早我就过河去采铃兰花，每天都带一束鲜花回来养在水里。一天到晚，屋子里都洋溢着铃兰花的幽香。在我们列宁格勒一带，铃兰是在7月里开花的。

这会儿，正逢夏末，我心爱的花儿给我带来了新的喜悦。

有一天，我偶然发现，在它们的大尖叶子底下，有一种淡红色的小玩意儿。我跪下去，拨开叶子一瞧，那下面是一颗颗带点椭圆形的橘红色的坚硬小果实。它们跟花儿一样美丽，像是希望我把它们做成耳环送给女朋友们戴上呢！

◎森林通讯员　维利卡

延伸思考

【正面描写】铃兰像白玉一样干净的花朵、长长的叶子、美妙的香气，让我们感受到了它的美，也揭示了作者喜欢它的原因。

延伸思考

【侧面描写】作者想把铃兰的果实做成耳环送给女朋友们戴，这一侧面描写更加突出了铃兰果实长得非常漂亮。

天蓝的和翠绿的

8月20日，今天，我起得很早很早，往窗外一看，不由得惊叫起来：啊！青草怎么全变成了天蓝色的！完全是

天蓝色的！草儿被浓雾压得低着头，忽闪忽闪的。

你把两种颜色——白色和绿色——掺在一起试试看，会变成天蓝色的。是露珠洒在鲜绿色的青草上，把它染成了天蓝色的。

有几条绿色的小径，穿过天蓝色的草地，从丛林通到板棚前。板棚里存放着一袋袋的麦子。原来有一窝灰山鹑，趁人们还没起身的时候就跑到村里来偷吃麦子了。这不是它们吗！在打麦场上。淡蓝色的山鹑，胸脯上有个马蹄形的巧克力色大斑。它们的小嘴笃笃笃地啄着，啄着，啄得好忙呀！趁着人们还没有醒来，它们得赶快吃点儿！

再往远处看去，就在树林边上，是燕麦田。还没有收割的燕麦也是一片天蓝色的。一个猎人揣着枪，在那里走来走去。我知道，猎人一定是在那里守候琴鸡呢！鸡妈妈常常带了它的一窝小琴鸡，到田里去吃个饱。琴鸡在天蓝色燕麦田里跑过的地方，也是绿色的，因为琴鸡在燕麦丛里跑过的时候，把露水给碰掉了。猎人始终也没放枪，大概琴鸡妈妈带了它那一窝小琴鸡逃回树林里去了。

◎森林通讯员　维利卡

【直接描写】淡蓝色的山鹑，胸脯巧克力色的斑，匆忙地啄食，写出了山鹑漂亮的外表和可爱的形象。

请爱护森林

如果有闪电打在枯树上，那可要坏事儿啦！如果有人在森林里散步的时候，丢下一根没熄灭的火柴，或者没把篝火弄灭就走了，也会坏事儿的！

活生生的火苗，像条细细的小蛇，从篝火里爬出来，

【直接描写】一点火星都会给这个森林带来不堪的后果。告诫人类，一定要时刻注意保护我们的森林。

钻到苔藓和一堆堆干枯的针叶和阔叶里去。突然间，它从枯叶堆里蹿出来，舔了一下灌木，又跑到一堆枯树枝前去了……

一秒钟也耽搁不得——这是林火呀！在它还没着大、着旺的时候，你一个人就可以扑灭它。快折一些带叶子的活树枝，照着火苗拼命地扑打吧！别让它扩大，别让它转移！把你的朋友也找来帮忙吧！

如果你手边有铁锹或结实的木棍，就可以挖点土，用泥土和一块块的草皮把火盖灭。

如果火苗又从泥土底下钻了出来，爬上树，从一棵树往另一棵树上蹿的话，这场林火就算是着起来了。赶紧飞奔去叫人来救火吧！赶紧敲起救火的警钟吧！

延伸思考

【正面描写】森林里的火一秒钟都不能耽搁，否则整片森林都会因此而遭殃。体现出救火的紧急。

名|家|点|评

在这个五彩缤纷的大森林里，生长着各种各样的植物，它们或是奇特，或是漂亮，所以我们要保护大森林，否则我们将失去这个美丽的大自然。

1. 景天植物的种子为什么喜欢水来冲？

2. 作者为什么喜欢铃兰这种植物？

3. 我们该如何爱护森林？

林中大战（续前）

名家导读

又一次森林"大战"。在这次大战中，又会有哪些植物出现呢？它们又有怎样的特点、怎样的习性？我们一起来看看吧。

我们《森林报》的记者来到第三块采伐迹地，这块迹地是十年前采伐的，现在在白杨和白桦的控制之下。

每年春天，草类都试图从地下钻出脑袋，然而在枝繁叶茂的白杨和白桦的遮蔽下，它们很快就枯萎了。

延伸思考
【直接描写】小草最终没有战胜高大的白杨树，最后都枯萎了。说明了植物之间的竞争也是非常激烈的。

每隔两三年，云杉总是收获一次自己的种子，可那些种子落到采伐迹地上，无法从地下露出头来，因为白杨和白桦阻止了它们的生长。

年轻的树木的生长速度很快，它们在采伐迹地上稠密得往上长着。它们越来越拥挤，彼此之间开始了争战。

延伸思考
【正面描写】每棵植物都想争夺最多的空间，享受最多的阳光，再一次让植物之间的竞争变得非常激烈。

每一棵树都想在地下和地上占据更多的地盘，每一棵树在生长的过程中都要横向发展，使得采伐迹地变得拥挤不堪。

强壮的树木在个头儿上超过了柔弱的树木，它们无论是根还是树杈都比较有力，把小个头儿的树压在下面，不让阳光照射到。

于是，那些久不见阳光的树木会渐渐死掉。小草也破土而出，高大的树木却不对它们感到害怕。

有些树木的种子，落到幽暗潮湿的土地上，也会因为透不过气而夭折。

云杉还在不慌不忙地每隔两三年就派遣自己的种子到长满树木的采伐迹地上去生长。对它们来说，这算不了什么，就让那些小家伙到那里去求生吧！

云杉苗钻出了地面，它们所处的环境却很恶劣，由于得不到足够的阳光，变得又细又矮。

不过，它们不会受到风的打搅，即便狂风大作，它们也不会从土里拔起。白杨和白桦被风刮得呼呼直响，它们却显得很安宁。

在这里，食物也很充足。小云杉受到了良好的保护，得以避免春季危险的晨寒和冬季凛冽严寒的侵袭。

秋季时，白杨和白桦的落叶在地面腐烂，提供了热量，草类也提供了热量，小云杉终于可以见到天日了。

年轻的云杉不像白杨和白桦那样酷爱阳光，它们耐着性子生长着。

我们《森林报》的记者观察了一段时间后，就转到第四块采伐迹地上去了。

在那里，期待他可以发来更多的消息！

延伸思考

【对比描写】云杉苗长得又细又矮，而白杨和白桦长得高大挺拔。这是竞争的结果。但是狂风来临时，却又是另外一种结果。可见植物们都在为适应着环境而生活。

名|家|点|评

植物之间也存在着竞争，竞争阳光、土地、空间等等。虽然在这个竞争过程中，有的输了，但它们依然能够适应这样的竞争环境并生活着。这让我们感受到这个大自然是"活"的，是充满活力的。

农庄生活

成熟的季节到了，农庄里又是一片忙碌的景象。农庄的庄员们高兴地收获着。让我们一同走进这个庄园，分享他们收获的喜悦吧。

收割庄稼的时候到了。我们集体农庄的黑麦田和小麦田，好像无边无际的海洋。麦穗又高又壮实，密密匝匝的，每一根麦穗里都有很多很多的麦粒。集体农庄庄员们的努力，真够令人钦佩的！不久，这些麦粒将汇成一股股金黄色的洪流，流进国家的仓库，流进集体农庄的仓库。

亚麻也成熟了。集体农庄庄员们正忙着在田里拔麻。是用机器拔，用拔麻机拔可快极了！女庄员们跟在拔麻机后面捆麻，把一行行倒下来的亚麻捆作一束束，再把一束束亚麻堆成垛，十束一垛。不久，麻田里会变得好像排列着一行行的兵士似的。

山鹑只好带着全家老少，从秋播的黑麦田搬到春播的田里去了。

庄员们在收割黑麦。肥硕、壮实的麦穗，在割麦机的钢锯下，一束束地倒了下来。庄员们把一束束的麦子捆起来，堆成垛。许许多多的麦垛堆在田里，好像运动会上运动员们的行列。

在菜园子里，胡萝卜、甜菜和其他蔬菜成熟了。庄员

延伸思考
【比喻修辞】
把一垛垛的亚麻比喻成排列整齐的士兵，说明人们把亚麻垛的非常整齐，收获的亚麻也非常多。

延伸思考
【直接描写】
肥硕、壮实的麦穗一束束地倒下、堆成垛，说明农庄获得大丰收。

们把蔬菜运到火车站，火车又把它们运进城里去。这些日子，城市里的公民们都可以尝到新鲜可口的鲜黄瓜，喝到用甜菜做的红菜汤，吃到胡萝卜馅饼了。

集体农庄里的孩子们到树林里去采蘑菇和熟了的树莓、越橘。这些日子，在各处的榛子林里，都有一群群的小孩。休想赶他们出来，他们在那儿采榛子，把口袋装得满满的。

这会儿成年人可没工夫采榛子，他们得割麦、打麻，得用速耕小犁把所有的田耕完，还得把翻起的泥土耙过。因为快要开始播种秋播作物了。

延伸思考
【直接描写】成年人忙着割麦、打麻、整理耕地，没有时间去摘榛子。为我们展现了一幅繁忙的画面。

森林的朋友

在卫国战争期间，我国有许多森林被毁掉了。各处林区正在努力设法重造森林。我国中等学校的学生们在帮助他们做这个工作。

需要有好几百千克的松子，才能培植新的松林。3年来，孩子们收集了7吨多松子。他们还帮助整地、照料苗木、守卫森林、防止林火的发生。

延伸思考
【侧面描写】被毁掉的森林需要恢复，得用很多种子，花费很长时间。说明造林的不容易，也再一次警告人类要好好保护森林。

◎森林通讯员　查略夫

谁都有活儿干

早晨，天刚亮，集体农庄庄员们就下地干活儿去了。大人到哪儿，孩子们也跟到哪儿。在刈草场，在农田里，在菜园里，到处都有孩子们在帮助集体农庄庄员们。

瞧，孩子们捎着耙子来了。他们快手快脚地把干草耙到一堆，然后载上大车，送到集体农庄的干草棚里去了。

杂草也老不叫孩子们安宁：孩子们常常得在亚麻田和马铃薯田里除杂草——香蒲、滨藜和木贼什么的。

到了拔麻的时节，拔麻机还没在亚麻地里出现，孩子们就先来了。他们拔掉亚麻地四角上的亚麻，好让拖着拔麻机的拖拉机转弯的时候方便一些。

在收割黑麦的田里，孩子们也找到了工作。收割完麦子以后，他们把掉在地上的麦穗耙到一起，收拾起来。

【侧面描写】拔麻机还没有来，孩子们就已经来到了亚麻地里。说明孩子们非常热爱劳动。

名|家|点|评

农庄里一片丰收和忙碌的景象。孩子们也帮着大人们干活，一片和谐，也使得这个农庄格外的热闹，令人向往。

1. 农庄里都有什么成熟了？

2. 农庄里那些成熟的蔬菜要运送到哪里？

3. 谁是森林的朋友？

农庄新闻

农庄里现在一片丰收的景象，一片繁忙的景象，这个时候会有什么新闻发生呢？我们一起去打探一下吧。

这个消息是从农庄的田里传来的。禾谷做了汇报，说："咱们这里非常顺利，谷物都成熟了。很快，我们就会把它们撒到空地上去。以后，你们也不必为我们操劳了，也不用到田里照看我们了。现在，即使没有你们，我们也过得很不错啦！"

人们笑了笑，说："这怎么能行呢？不用我们到田里照看了？这个时候可是农忙时节啊！"

联合收割机已经开到田里去了。这种收割机功能齐全，收割、脱粒一次性完成。在开进田里时，黑麦还是一人多高的，等到它开出来时，黑麦地里只剩下麦茬了。从它那宽大的舱里，出来的全是麦粒。人们把麦粒晒干后，装进袋子里，一部分交给政府，一部分存入仓库。

收获马铃薯

森林通讯员到过蓝星农庄访问。他对农庄的马铃薯产生了兴趣，对它们进行了细致的观察。这里有两块马铃薯

延伸思考
【语言描写】
人们产生了疑问：为什么不需要我们帮忙了？为下文引出收割机做了铺垫，也激发了读者的兴趣。

延伸思考
【直接描写】
联合收割机的到来，为人们节省了劳动力和时间，加快了收割效率。说明收割机为人们带来了很大的帮助。

地，其中一块比较大，是绿色的田地；另一块比较小，看上去全部变黄了。第二块田里的马铃薯叶子黄了，好像要死了。

森林通讯员要弄清楚其中的缘由。后来，他寄来一份报告，里面说道："就在前天，有一只公鸡，跑到了变黄的田里去了。它把土刨松后，就唤来了许多母鸡，一块儿吃马铃薯。一位路人看到了，笑了笑，告诉同伴说：'还不错！它是第一个来收马铃薯的。它也许知道，我们明天要收获马铃薯吧！'

现在明白了，叶子变黄了的是成熟的马铃薯。那块绿色的田里，是晚熟的马铃薯。"

森林报道

在林子里，从地下冒出来第一个白蘑菇，肥大、壮实！

蘑菇的菌盖上有个小坑儿，边缘是湿漉漉的穗子，上面粘了许多松针。白蘑菇四周的土比较高，如果把这块土挖开，就可以找到许多大小不一的白蘑菇！

名|家|点|评

农庄每天都有有趣儿的事情发生着，给农庄增添了很多的生趣，让读者也感受到了农庄生活的乐趣，以及我们大自然的美好。

延伸思考

【直接描写】田地里的植物不明原因地出了问题，激发读者发出疑问，推动事情的发展。

延伸思考

【语言描写】原来是马铃薯成熟了，公鸡们跑来吃马铃薯。这为上文出现的问题揭示了原因，与前文照应。

鸟岛

鸟岛，看到这个题目，小读者们肯定会联想到这个岛上肯定有很多的鸟吧。亲爱的小读者们，让我们一起去这个鸟岛上畅游一番吧。

来自远方的一封信

我们乘船在喀拉海东部航行。周围是汪洋大海，一眼望不到边儿。

突然间，桅楼上的船员大喊一声："前方有一座倒立的山，离我们不远。"

"那是他的幻觉吧？"我心里想着，也爬到桅杆上面去了。

我很清楚地看到，那儿就是一座山，在半空中悬着，头朝下而脚却朝上。

一座山倒挂在半空中，没有道理呀！

"朋友，你的大脑还是正常的吧！"我自己在心里说着。

这个时候，我想起了物理中的"折射原理"，我高兴地笑了。原来这是一种奇特的自然现象。

在北冰洋上，这种现象经常会出现，称作海市蜃楼。

延伸思考

【语言描写】通过这位船员的话，可见他被眼前的"景象"迷住了，同时也为下文引出海市蜃楼做了铺垫。

你会突然看到远处的海岸，或者小船，在空中倒挂着。这是它们的倒影，这与照相机的原理是一样的。

过了几个小时，我们的船到达了小岛附近。其实，小岛并没有倒挂在空中，而是很安静地待在水中，周围的岩石也都没有什么变化。

船长确定了方位之后，看看地图，他说这是比安基岛，位于诺尔德舍尔特群岛的海湾入海口处。这个岛之所以这样命名，是为了纪念俄罗斯科学家瓦联京·科沃维奇·比安基，也就是我们《森林报》所纪念的科学家。

我想，你们很想知道岛是什么样的，岛上都有些什么吧？

这个岛屿是由许多岩石堆成的，有圆形的石头，也有方的板岩。岩石上没有灌木，也没有青草，只有白色的和黄色的小花。在背风的地方，岩石上面被地衣和苔藓覆盖着。

这里有一种苔藓，与我们那里的平茸菇很相像，很有弹性，也比较厚，我还没有见过这种苔藓。在海岸边上，有许多的木头，有圆木、树干，还有木板，可能是从很远的地方飘过来的。这些木头都干透了，用手指轻轻一敲，就会发出清脆的声音。

现在是7月底了，这里的夏天刚开始。但这并不妨碍冰山、冰块安稳地从小岛旁飘过去。这儿的雾比较浓，低低地在海面上笼罩着。

在海上，若是有船只经过，也只能看到桅杆。可是，船只很少经过这里。岛上没有人，所以岛上的动物看到人来了，也并不害怕。

延伸思考
【直接描写】
通过这几句话，我们知晓了这个岛名字的由来，原来是为了纪念这位科学家，很有纪念意义。

延伸思考
【直接描写】
都已经是7月底了，夏天才来临，这个时候冰山还可以从这里安稳地飘过，说明这里即使是夏天气温也很低。

比安基岛是鸟的乐园。这里没有鸟的喧闹，也没有数万只鸟挤在一起做巢的现象，鸟儿都自由自在地在岛上做巢。这里聚集了数以千计的野鸭、天鹅、大雁和鸻鸟，它们在这里和平相处。

【直接描写】鸟儿自由自在地在岛上生活着，和平相处，体现着这里的安静与美好。

在高处的岩石上，居住着海鸥、北极鸥和管鼻鹱（hù）。海鸥的种类很多，有白毛黑翅膀的海鸥；有身体较小、粉红色羽毛、尾巴像叉子一样的鸥；还有凶猛、体型较大的鸥，这种鸥喜欢吃鸟蛋、小鸟和小动物。

这里还有北极猫头鹰，有漂亮的雪鸮，它的胸脯和翅膀是白色的，它能够像云雀一样唱歌。北极百灵鸟脖子上有块黑色的毛，有点像黑色的胡子；头上也竖着两撮黑色的羽毛，很像小犄角，它经常是一边跑，一边唱歌。

这里的小野兽也挺多的。

我带了一些早点，到岸边坐一会儿。刚坐下，身旁就出现了许多田鼠，在那里蹿来蹿去。这是一种小个儿的啮齿动物，身上长有黄色、黑色和灰色的绒毛。

小岛上的北极狐也非常多。我在乱石堆里就发现了一只，它正慢慢地向小海鸥走过去。突然，海鸥妈妈发现它了，迅速向它扑过来。这时，其他的海鸥也飞来了，叫着，喊着！势头像是要与它决斗。狐狸害怕了，夹着尾巴逃走了！

这儿的鸟都会保护自己，也不会让自己的孩子受到任何伤害。因而，这里的野兽大多是饿着肚子的。

【侧面描写】岛上的野兽大多都是饿着肚子的，从侧面反映出鸟类对自己的孩子呵护备至，非常爱护它们。

我往海上望去，海面上也有许多鸟，在那里自由自在地飞着。

我吹了一声口哨。突然，从水里钻出来几个小家伙，

身上光溜溜的，圆脑袋，眼睛乌黑发亮，直直地看着我，好像在对我说："哪里来的大怪物？为什么吹口哨！"

这是海豹，它们的体型都不太大。

在岸边不远处，有一只体型较大的海豹。再向远处望去，是体型更大、还长着胡子的海象。不知什么原因，所有的动物都跳入了水里，鸟儿也惊叫着，向空中飞去。原来，是一只北极熊，从水里露出了头。这是北极地区体型最大、最凶猛的动物了。

我感觉有些饿了，转过身来拿早点，可是早点不见了。我是放在那块石头上面了，可怎么没有啊？石头底下也没有。

我气愤地跳了起来。

这时，从石头底下蹿出来一个小家伙，原来是北极狐。

哦！我明白了，是这个家伙偷了我的早点，真是可恶的小偷！它嘴里还衔着用来包面包的纸呢！

这个家伙还真可怜！被岛上的鸟儿逼得饿成了这个样子。

◎远航领航员　马尔德诺夫

名|家|点|评

　　来这个鸟岛上看了一番，有许许多多可爱的动物和鸟类生活在这里。这里一片安静，动物们过着自己的生活。再一次让我们领略到了大自然的丰富多彩。

延伸思考

【直接描写】看见北极熊，所有的动物都跳入水中，鸟儿也受到惊吓飞向空中。说明动物和鸟儿非常害怕北极熊。

延伸思考

【侧面描写】主人公放在石头上的早点不见了，原来是被北极狐偷吃了。从侧面反映出北极狐难以在这个岛上找到吃的，已经饿坏了。

打猎

名家导读

　　鸟类和小兽都是禁止被猎杀的，那怎么还会有打猎出现呢？原来，猎杀一些猛禽和危害人类的野兽，法律是允许的。我们来看看可以猎杀哪些猛兽吧。

　　这时候雏鸟还没有长大，还不会飞，怎么打猎呢？何况小鸟和小兽是禁止被猎杀的。不过，那些专吃小动物的猛禽和危害人类的野兽，法律是允许猎杀的。

黑夜的恐怖

　　夏天的傍晚，如果到森林里去走走，会听见一种奇怪的声音，一会儿"嚯嚯嚯"，一会儿"哈哈哈"，这样的声音会令人毛骨悚然。有时候，会听到楼顶上有人大哭起来。在这样漆黑的夜里，常常可以看到两盏圆溜溜的绿眼睛，像灯笼似的。接着一个阴影从身边一闪而过，这怎么不叫人害怕呢？

　　由于这种原因，人们开始讨厌这种鸟儿。它是森林里的猫头鹰，夜夜在那里狂笑，用一种不祥的声音，一个劲儿地招呼人们："快走，快走！"

　　就是在白天，从一个黑乎乎的树洞里，忽然探出一个脑袋，嘴巴像钩子似的，发出啪嗒啪嗒很响的声音，也会

延伸思考

　【直接描写】令人毛骨悚然的叫声、人的哭声，尤其是在漆黑的晚上，真的令人害怕至极。

把人吓一大跳。

如果在半夜里，家禽中有一阵骚乱，鸡鸭鹅等叫成一片，第二天早晨，如果发现少了小鸡，主人一定会怪罪到猫头鹰身上的。

白天的抢劫

不仅是在黑夜，就是在白天，凶猛的鸟儿也会把人搞得心乱不安。

孵蛋的母鸡一不留神，老鹰就会把它的小鸡抓走；公鸡刚到院子里溜达，就可能被鹞鹰抓走；鸽子刚要起飞，就可能有一只隼冲进来，它在鸽群里抓住那只鸽子，顿时消失得无影无踪。

所以，如果庄员们遇见了那些猛禽，都咬牙切齿地要把它们杀掉。说干就干，等猛禽被消灭干净了，他们会忽然明白：田里的老鼠会猖獗起来，黄鼠会把粮食吃光，野兔会把白菜啃完。

于是，这些冒冒失失的庄员们往往在经济上损失更严重。

延伸思考
【排比句式】
本段用排比句列举凶猛鸟儿对人类的威胁，与下文相呼应，使句子有条理，表达更顺畅。

有益的与有害的

为了不至于让自己后悔，应区分有益的猛禽和有害的猛禽。有害的猛禽是杀死野鸟和家禽的鸟儿，有益的猛禽是消灭田鼠、黄鼠、蝗虫等有害昆虫的鸟儿。

打个比方，对于猫头鹰和鹗，它们的样子虽然可怕，但它们大部分是益鸟。有害的猫头鹰是个头儿最大的那

延伸思考
【举例说明】
作者用举例子的方式告诉读者，什么样的是有益的猛禽，什么样的是有害的猛禽。

些，雕鸮和林鸮也会做出"伤天害理"的事情，但有时这些鸟儿也会捕捉田里有害的动物。

而日常见到的猛禽当中，鹞鹰算是最有害的。我们这儿的鹞鹰有两种，一种是个头儿大的苍鹰，一种是个头儿小的鹞雀鹰。鹞鹰和其他的猛禽很容易区分，鹞鹰呈灰色，胸腹上有波浪形的花纹，它们的头小额低，翅圆尾长，眼睛淡黄。它们是一种凶猛的鸟儿，有时可以猎杀个头儿比自己还大的动物，即使是在吃饱的时候，它们也会毫不犹豫地把鸟儿杀死。

【延伸思考】
【直接描写】采用直接描写的方式举出两种有害的猛禽的例子，说明他们的捕猎方式，并说明了将它们列为有害鸟类的原因。

老鹰比鹞鹰要弱得多，根据它开叉的尾巴就可以分辨出。老鹰不会攻击大型的野禽。

大型的隼也是有害的，它长着尖尖的镰刀形的翅膀，飞行速度几乎超过所有的鸟类。它在空中飞行时，会在离地面很高的地方准备捕捉猎物，不然猎物忽然逃走时，它可能会因为胸脯触地而死亡。

最好不要捕杀小型的隼，这种小型的隼是有益的。比如红隼就是有益的。在田野上我们经常会看到红隼，它会悬挂在空中，像被一根线挂在白云上，同时扇动着翅膀，这样，它能看得清草丛里的老鼠和蝗虫。

【延伸思考】
【叙述描写】说红隼像被线一样挂在天空，形象地描述了红隼捕猎时的情形，并说明了它作为益鸟的原因。

雕造成的危害比它带来的益处要多。

猎捕猛禽的方法

有害的猛禽可以常年射杀，猎捕它们有许多方法：

窝边捕猎

猎捕猛禽最方便的办法就是守候在它们的窝边，但这种方法也危险。为了保护幼鸟，大型的猛禽会向人类进攻。人如果要开枪，速度要快，不然就会被猛禽啄瞎眼睛。不过，找到猛禽的窝很困难，雕、鹞鹰、隼往往把自己的窝设在悬崖峭壁上，或者是很高的树木上，这样的话，人类一般很少有机会到它们的窝边潜伏。

潜猎

雕和鹞鹰往往会停在草垛上、枯树上。它们不会靠近人类。这时，可用潜伏的方法猎取，也就是从灌木丛和岩石下偷偷地靠近。子弹要能达到射程，不然枪声一响，猎物就会飞走。

带雕鹗诱捕

猎捕在白昼活动的猛禽时要带上雕鹗。首先在一个小土丘里插上一个杆子，在离杆子不远的地方种一棵枯树，再在附近盖一个小棚子。早晨，带着雕鹗来到这里，让它停在杆子上，并把它拴住，自己则躲到棚子里。不用等多长时间，鹞鹰或者隼就会发现它，并朝着它冲过来。

鸟儿们围着雕鹗进攻，它被拴住了，只好把全身的羽毛竖起来，一会儿瞪眼睛，一会儿把嘴张开。

其他的猛禽并没有注意到那个窝棚，猎人这时候就可以开枪了。

延伸思考

【直接描写】作者直接告诉读者窝边捕猎的危险，因为动物也有保护幼鸟的天性，所以这种方法很危险。

延伸思考

【直接描写】通过描述人们用雕鹗做诱饵捕抓猛禽的方法，表明人类在自然选择下学会种种生存技能。

在漆黑的夜晚

对猛禽最有趣的射猎发生在夜晚，老雕和大型猛禽都会飞到那里夜宿。比方说，雕会孤立地在大树顶部睡觉。

猎人可以选择天比较黑的时候，慢慢地靠近猛禽。睡熟的雕并不提防周围的人、物，猎人可以把灯光照到它身上，雕被灯光惊醒了，根本想不出是怎么一回事，停在那儿惊呆了。

这时候，猎人就可以从树下瞄准雕，开始开枪了。

【直接描写】本句通过描述人们抓猛禽的方法，表明人类在自然选择下学会种种生存技能。也告诉读者为达目的可以想不同的办法应对。

夏猎开禁了

从7月底开始，猎人们会等得不耐烦。此时，雏鸟已经长大，省执行委员会下达了今年打猎开禁的日期。后来，报告上说，今年从8月6日起开禁，许可在森林和沼泽打猎。

每个猎人把弹药装好，把猎枪检查了又检查，于8月5日扛着猎枪，牵着猎狗，去往各个城市的火车站。这些人几乎把火车站都挤满了！

这里有很多猎狗，有短毛猎狗和长着像树枝一样笔直尾巴的向导狗。它们颜色各异，有白色带黄色小斑点的，有咖啡色带花斑的，有黄色带花斑的，有深咖啡色的；有全身光亮的，有全身暗黑的；有体型大的，有体型小的；有动作慢的，有动作快的。它们一个个追随着主人，唯一的目的是要出去打猎。

大部分的猎人都会乘坐近郊列车，他们分布在各个车厢里。乘客们看着他们，并端详着他们的猎犬。车厢里都

【排比修辞】作者通过排比的方式列举出各式各样的猎狗，排比句式可以让表达更流畅，更加有条理。

在谈论着打猎的事儿，例如谁是英雄，谁取得了功绩。当猎人听到别人夸自己时，都沾沾自喜。

6日晚上、7日早晨，还是那辆列车把他们运回。可是，他们的脸上并没有挂满欣喜的表情，而是很失落。

车厢里的乘客又对他们笑脸相迎："你们打来的野味呢？"

"野味还在森林里呢！"

"它们飞到别处送死了！"

这个时候，来了一个背囊鼓鼓的猎人，他只顾找座儿。大伙儿连忙腾出地方让他坐。他大模大样地坐下。他的邻座眼睛滴溜溜乱转，向车厢里的人宣告了："你打的野味怎么爪子是绿色的？"这人一边问，一边将猎人的背囊揭开一点儿。原来是云杉树枝的梢头。

多么令猎人难堪啊！

延伸思考

【语言描写】通过语言描写，表现出猎人直接相互调侃，使文章生动有趣。

名|家|点|评

本节内容通过介绍猛禽并介绍了相关的益禽和害禽，接着介绍了几种捕抓猛禽的方法，让读者从中体会打猎的原因及乐趣。

拓展训练

1. 文中哪些都是益禽，哪些是害禽？

2. 你觉得哪种捕抓方式比较合理？

3. 背囊鼓鼓的猎人打到的是什么猎物？是真正的猎物吗？

打靶场

第五场竞赛

1. 鸟儿的牙齿一般在什么时候长出来？

2. 有尾巴和没有尾巴的奶牛谁吃得更饱？

3. "割草蛛"的称号是怎么来的？

4. 哪个季节，猛禽和猛兽吃得最饱？

5. 什么动物会死一次，诞生两次？

6. 什么动物在成年之前会诞生三次？

7. 用"就像水从鹅身上淌掉"形容"很快消失"，这是为什么？

8. 天热时狗会伸出舌头，马为什么不这样？

9. 哪种鸟儿的雏鸟不知道自己的母亲是谁？

10. 哪种鸟儿的雏鸟在树洞里发出像蛇一样咝咝的叫声？

11. 年老的和年轻的白嘴鸦，如何根据它们嘴的样子来区分？

12. 哪种鱼在幼鱼没长大时照顾它们？

13. 蜜蜂刺过别的动物后它自己会怎样？

14. 小蝙蝠吃什么？

15. 中午时，向日葵朝向哪个方向？

16. 山上跑的是公羊，山缝溜的是母羊；公羊叫了一声，母羊翻了眼睛。（谜语）

17. 四条用来走，两条用来顶，最后的用来左右甩。（谜语）

18. 戴红帽子的老头站着，谁走近会向谁点头。（谜语）

19. 穿着红衣服立在杆子上，肚子是亮堂堂的，里面却是小石头。

（谜语）

20．从树林里出来时发出"咝咝"的声音，走起路来扭摆着身子。（谜语）

21．在地上睡觉，到清晨时就跑了。（谜语）

22．哪一种动物在林子里造房子时不用斧头，造好的房子却没有棱？（谜语）

23．长在角上的是眼睛，背在身上的是房子。（谜语）

24．花朵像天使，刺儿像魔鬼。（谜语）

公告栏

火眼金睛测试赛（四）

猜谜语：谁是爸爸，谁是妈妈，谁是孩子？

请帮助流浪儿

在这个小鸟出世的月里，常常可以看到小鸟从窝里掉下来，或者失去了它们的家庭。小鸟躺在地上，把头往灌木丛、草堆里钻，想躲避人类。可是它们还很脆弱，还不会飞。这时，你可以捉到它们，心里会想：这是什么鸟儿呢？它的妈妈在哪儿呢？

听到它啾啾地叫着，显然它是在叫它的妈妈。你也想把它送还给它的爸爸妈妈，可谁是它的爸爸妈妈？

你不知道怎么办，况且小鸟长得并不非常像它的爸爸妈妈，你更为难了。再看看它的脚、它的嘴什么样，然后去找类似的大鸟。

这样，就有可能把这些流浪儿送还给它的爸爸妈妈了。

卷尾巴琴鸡

琴鸡爸爸的尾巴尖的羽毛向两边卷起，琴鸡妈妈的尾巴却不是这样，小琴鸡还没有尾巴。

野鸭

野鸭妈妈的嘴是扁平的，小鸭和野鸭爸爸也是这样。它们的脚趾也相似，但别把野鸭和鹏鹀混淆了。

燕雀妈妈

燕雀的幼鸟和其他鸣禽的幼鸟一样，刚出世的时候都光着身子，软弱无力。燕雀爸爸和燕雀妈妈形态相像，但羽毛却不同。

红脚隼妈妈

它的嘴像钩子似的，脚上有锐利的脚爪，它的孩子也是这样。

鹏鹕爸爸

鹏鹕妈妈和鹏鹕爸爸长相差不多，但一看它的嘴和脚蹼就能认出来，它们和野鸭不是一回事。

下面是五种不同鸟儿的画像，每一种鸟儿都有两只，一只是幼鸟，一只是幼鸟相应的爸爸或妈妈。请你拿一张纸，把它们重画下来，要按照这个顺序：鸟爸爸在小鸟的左边，鸟妈妈在小鸟的右边。

（图1）

（图2）

（图3）　　　　　　　　（图4）　　　　　　　　（图5）

（图6）　　　　　　　　（图7）　　　　　　　　（图8）

（图9）　　　　　　　　（图10）

NO. 3

森林报·夏
第 6 期 鸟儿筑巢月

8 月 21 日到 9 月 20 日 太阳进入室女宫

一年：分作 12 个月的太阳诗篇

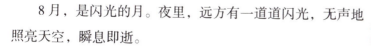

名家导读

　　一年四季里动植物会有很多活动，而许多活动都是有着科学依据的，并且人们从中学习、模仿，很多现代科技都是受启发于动植物的生活习性。让我们看看作者会给我们带来什么样的启发吧。

　　8 月，是闪光的月。夜里，远方有一道道闪光，无声地照亮天空，瞬息即逝。

　　草地在夏季里最后一次换装：现在，它变得五彩缤纷，花儿大多是深颜色的，有蓝色的、淡紫色的。太阳光在逐渐减弱，草地需要收藏临别的阳光了。

较大的果实，像蔬菜、水果什么的，快要成熟了；晚熟的浆果，像树莓、越橘什么的，也快要成熟了；沼地上的蔓越橘、树上的山梨，也都快要熟透了。

树林里长出了一些蘑菇，它们不喜欢热辣辣的太阳，藏在阴凉里躲避阳光，活像小老头子。

树木已经停止往高处和往粗生长了。

森林里的新规矩

森林里的动物都已经长大了，从巢里爬出来了。

春天，鸟儿成双成对，住在自己一块固定的地盘上，现在却带了孩子们，满树林子"游牧"起来了。

森林里的居民们你来我往地互相拜访。

就是那些猛兽和猛禽，也不再严守着自己打食的那个地段了。野味很多，到处都有，足够大家吃的。

貂、黄鼠狼和白鼬满树林里窜来窜去，它们无论在哪儿，都可以不费事地得到吃的东西：有的是傻头傻脑的雏儿、缺乏经验的小兔儿、粗心大意的小老鼠。

鸣禽集合作成一群一群的，在灌木和乔木间旅行。

群有群的规矩。

规矩就是这样的：

我为大家，大家为我

谁先发现了敌人，就得尖叫一声，或者尖哨一声，警告大家，让大家赶紧四散飞逃。要是有一只鸟遇到祸事，

【排比修辞】通过列举一连串成熟了的植物，表现出丰收的季节到了，使得句子更加连贯，更加华丽。

【拟人修辞】通过对鸟儿们的拟人写法，表现出春天的季节到来了，满满的都是春天的气息。

【直接描写】只有通过动物们间相互帮助，友好相处，才能生活的更加安全。

大家就一齐飞起来，大叫大吵，把敌人吓退。

成百对眼睛、成百双耳朵在警戒着敌人，成百张尖嘴巴准备好了打退敌人。加入鸟群的雏鸟自然越多越好。

在鸟群里面，雏鸟得遵守这样一个规矩：一举一动都得模仿老鸟。老鸟们不慌不忙地啄麦粒，雏鸟也得啄麦粒。老鸟们抬起头来一动不动，雏鸟也得抬起头来一动不动。老鸟们逃跑，雏鸟也得跟着逃。

延伸思考

【直接描写】通过对雏鸟学习老鸟的描写，表现出动物们通过学习老鸟来保护自己，具有本能的学习及危机意识。

教练场

鹤和琴鸡都有一块真正的教练场供自己的孩子们学习。

琴鸡和教练场在林子里。小琴鸡聚集在那里，看琴鸡爸爸干什么。

琴鸡爸爸咕噜咕噜叫，小琴鸡也咕噜咕噜叫起来。琴鸡爸爸"啾弗——费！啾弗——费"地一叫，小琴鸡也尖声尖气地"啾弗——费！啾弗——费"地叫起来。

只是现在琴鸡爸爸的叫声变了，跟春天不一样了。春天，它的叫声好像是："我要卖掉皮袄，我要买件大褂！"现在好像是："我要卖掉大褂，我要买件皮袄！"

小鹤排成队伍，飞到教练场上来，它们学习在飞行时怎样排成整齐的"人"字阵。必须学会做这件事，这样，在长途飞行的时候，才能节省力气。

飞在"人"字阵里打头的，是最身强力壮的老鹤。它是全队的先锋，要冲破气浪，所以它的任务比别的鹤更艰难一些。

等到它飞累了，就退到队伍的末尾，由别的有力气的

延伸思考

【直接描写】通过直接描写，表现出鹤群间协调合作、一起生存的场景，人类可从中学习到知识。

老鹤来代替它领队。

小鹤跟在领队的后头飞，一只紧跟着一只，脑袋接着尾巴，尾巴接着脑袋！按节拍鼓动着翅膀。哪一只身体强一些，就飞在前面；哪一只身体弱一些，就跟在后面。"人"字阵用头前的三角尖突破一个个的气浪，就像小船用船头破浪前进一样。咕尔，勒！咕尔，勒！

这是发命令，意思说："注意，到地方了！"

鹤一只跟着一只落到地上。这里是田野当中的一块空地，小鹤在这儿学习跳舞和体操。跳啊，转啊，按节拍做出各种灵巧的动作。还得做一种最难的练习：用嘴把一块小石子抛上去，再用嘴接住它。

它们就这样做长途飞行前的准备……

蜘蛛飞行家

没翅膀，怎么飞行呢？

得找窍门儿呀！——几只小蜘蛛变成了气球驾驶员。

小蜘蛛从肚子里放出一根细丝来，挂在灌木上。微风吹着细丝，细丝左右飘动着，可是吹不断。蜘蛛丝很坚韧，跟蚕丝差不多。

小蜘蛛站在地上。蜘蛛丝从灌木上挂下来，直到地面，在空中飘荡着。小蜘蛛站在地上，还在那儿抽丝。丝把身子缠住了，缠得浑身都是，好像一个蚕茧似的，可是丝还在那儿往外抽。

蜘蛛丝越抽越长，风越吹越厉害。

小蜘蛛用8只脚抓住地面，牢牢地抓住地面。

延伸思考
【语言描写】通过语言描写，表现出鹤群有规矩的生活习惯，共同求生存，才能在自然的环境下生存。

延伸思考
【动作描写】一连串的动作描写表现出蜘蛛熟练的吐丝动作，表现出大自然的美妙，也引起读者的想象。

1，2，3——小蜘蛛迎风走了过去，咬断挂在细枝上的那一头。

一阵风，把小蜘蛛给刮走了。它飞起来了！

它赶快解开缠在身上的丝！

小气球上升了……飞得高高的，飞过了草地，飞过了灌木丛。

驾驶员从上往下看：在哪儿降落最好呢？

下面是树林，是小河。再往前飞呀！再往前飞！

瞧，这是谁家的小院子？有一群苍蝇正绕着一个粪堆飞舞。停下来吧！降落！

驾驶员把蜘蛛丝绕在自己身底下，用小爪子把蜘蛛丝缠成一个小团儿。小气球渐渐降落了……

好了，着陆！

蜘蛛丝的一头挂在草叶上，小蜘蛛着陆了！

可以在这里安居乐业了。

秋天，在天气晴朗、干燥的时节，有许多小蜘蛛带了它们的细丝在空中飞行。那时，乡村里的人就说："秋老了！"那是秋的白发，宛如银丝。

延伸思考

【拟人修辞】通过拟人的修辞手法，生动形象地描绘出蜘蛛结网的情形，让读者能够想象出生动的画面。

名|家|点|评

本文通过写动物的一些生活习性，表达出动物界多彩多样的生活习惯，也表明了多彩的大自然有许多等待人类探索的秘密，各种动物的生活习惯能让人类受益匪浅。

森林记事

名家导读

美丽的大自然是每个人都向往的地方，大自然生活着形形色色的动植物，这些动植物有哪些活动呢？每天都会怎样度过？让我们随着作者的笔迹，来欣赏大自然的一角。

一只过分的山羊

这不是在说笑话。的确，这只山羊很过分，把整个树林都吃光了。

护林员把这只山羊买回来了，把它带到了林子里，拴在草地上的树墩上。深夜，山羊挣脱了绳子，逃走了。

四周都是森林，它能跑到哪儿去呢？还好，这里没有狼。

护林员找了3天，都不见它的踪影。等到第四天，山羊自己回来了，咩咩地叫着，好像在说："你好！我平安地回来了！"

到了晚上，一位护林员来了。原来山羊把他看护的树苗啃光了，那可是一片树林呀！

树木还小的时候，根本没有能力保护自己，任何一头牲口都可以欺负它，把它从土里拔出来，嚼碎吃掉。

延伸思考

【疑问描写】通过疑问来引出下文，看看山羊会跑到哪里？又会发生什么？这样描写更加能牵引读者的心思。

129

山羊特别喜欢吃幼小的松树苗，看上去，它们是那样的漂亮，像是棕榈树，下面是红色的树干，非常的细，上面是细软的针叶，犹如一把小扇子。这可是山羊的美味佳肴啊！

长大的松树，山羊不敢触碰它，松针会刺伤它。

◎森林通讯员　维卡里

大家齐心捉贼

黄色的柳莺成群地在林子里乱飞。它们从这棵树上飞到那棵树上，从这边的草丛飞到那边的草丛。它们把整个树林都溜了一遍。在每一颗树上，树缝里，哪儿有青虫、蛾子，就把它们捉到后吃掉。

"唧！唧！"一只小鸟叫了起来，其他的鸟也警觉起来，好像有什么事情发生。它们看到了一只鼬鼠，在树底下跑来跑去，不一会儿，露出白色的脊背，再过一会儿，又消失在枯树中。它的身子细长细长的，扭动身子时，像小蛇一样，两只眼睛放着凶光，在黑暗中像火球一样闪闪发光。

"唧！唧！"周围的鸟也都叫了起来，这群柳莺迅速从树上飞走了。

在白天还行，只要有一只鸟发现了敌人，其他的鸟就会逃走。在夜间，许多鸟儿都在睡觉，但是敌人不会睡觉的。猫头鹰扇动着翅膀，悄无声息地从远处飞来，看准小鸟的位置后，迅速抓过去。睡得很香的小鸟还没明白怎么

延伸思考
【比喻修辞】把小松树的针叶比作一把小扇子，更加表现出小松树的可爱。恰恰因为这些，让他们变成了许多动物喜欢的食物。

延伸思考
【直接描写】通过一句话，表现出森林中的危险无时不在，也能引出人们的反思，告诉人们生活也要有危机感。

回事，就已经成了猫头鹰的美餐了。其他的小鸟受到惊吓，四处逃窜。

天黑的时候，还真是不太好！这时，小鸟们向树林深处飞去，从这棵树飞到那棵树，从这里的灌木林飞到那边的灌木林。这些身体较小的鸟儿穿过茂密的树叶，钻到最安全的角落。

在树林中间，有一个被砍伐过的树桩子，上面长了许多木耳。

一只柳莺落在了木耳跟前，它是想看看，这里有没有蜗牛。

突然间，木耳的小帽儿给顶掉了，下面有一双凶狠的眼睛看着它，忽闪忽闪地，像是一口就要把它吃掉似的。

【拟人修辞】通过拟人的修辞手法把木耳的形状表达的形象生动，让读者眼前现出当时的情形，引人入胜。

这时，柳莺看清楚了，这张脸有些像猫的脸，还长着像钩子一样的嘴巴。

这个突如其来的家伙把柳莺吓了一跳，柳莺尖叫着："啾！啾！"其他的鸟也警觉起来，可是没有一只鸟飞走。大家伙聚集在一起，把那个可怕的树桩子围起来了。

"猫头鹰！猫头鹰！救命！救命！"

猫头鹰气得直吧嗒嘴，嘟囔道："你们为什么找我呀！不让我好好睡觉！"

周围的鸟儿听到了柳莺的信号，也都飞过来了。

"捉贼呀！捉贼呀！"

【语言描写】通过语言描写，表现出动物们对猫头鹰的抵抗，表现出大自然的美妙，晚上被抓的鸟类在白天会进行反击。

黄脑袋戴菊鸟从云杉树上飞了下来，云雀也从草丛里钻了出来，准备战斗。它们在猫头鹰的周围转来转去，不断地戏弄它道："来呀！来抓我们呀！来呀！来呀！大白天的，你试试看，你这个可恶的夜游神！"

猫头鹰只是在那里吧嗒嘴，眼睛不停地眨着。大白天的，它能有什么法子呢？

鸟儿越来越多。柳莺和云雀的叫声更大了，把蓝翅膀的松鸦给叫来了，它可是树林里身强力壮的鸟了。

猫头鹰一看松鸦过来了，情况不妙！扇动着翅膀，逃跑了！还是活着好，逃命要紧，要不然，就会被松鸦啄死的。

松鸦在后面追着，追呀，追呀，最后把猫头鹰赶出了树林。

今天晚上，鸟儿们可以睡个安稳觉了，不会有人来打搅它们了。猫头鹰受到了这次打击，不会那么快就回来的。

香甜的草莓

在树林边上，有许多草莓都发红了，这说明它们已经成熟了。鸟儿找到红色的草莓果后，就衔着飞走了，它们会把草莓的种子带到很远的地方；但仍有一部分草莓的种子留了下来。

在这棵草莓旁，已经长出了新苗，这是草莓的藤蔓。藤蔓的梢儿上是一棵较小的植株，刚长出一簇丛生的叶子和根的胚芽。这里还有一株，一棵藤蔓上长出了3簇丛生的叶子。第一棵植株已深深扎根了，其他的还没有发育好。要想找到带着去年的孩子的母植株，就要到青草稀疏的地方去找。像这一棵，母植株在中间，周围就是它的孩子们，一共有3圈，每一圈有5棵。

草莓就是这样，一圈一圈地向外扩散，使得自己的领地不断地扩大。

◎尼·巴甫洛娃

【直接描写】通过描写小鸟们齐心协力把猫头鹰赶出树林的结果，告诉读者们，协同工作作战的力量是强大的。

延伸思考

延伸思考
【直接描写】通过对草莓扩大自己领地的描写，表现出草莓的生存方式，告诉我们要一点一滴地做好自己的事。

雪花飞舞

昨天早上，我们这里的河面上，雪花飞舞。白色的雪花在空中飞舞着，快要接触到水面了，它又迅速升起来，在空中盘旋着，又从空中飘落下来。

天气晴朗，没有一块黑云，太阳散发出热量，空气也变得暖和起来。这会儿根本没有风，只有雪花在空中飞舞。

现在，整个河面铺了一层白色的雪花，像一层厚厚的棉被盖在上面。

这场雪有些奇怪，竟然在太阳的炙烤下，没有融化，而是变得比较暖和、脆弱。

我们想要看看是怎么一回事。我们走到岸边时，终于看清楚了，这并不是白雪呀！这是上百万个蜉蝣啊！

它们是在昨天从水里飞出来的。整整3年，它们一直在黑暗的河底住着。那个时候，它们还是幼虫，在河底蠕动着。

它们的食物是水藻和很臭的淤泥。它们就这样一直呆在黑暗里，从未见过阳光。

就这样，一住就是3年。

昨天，这些幼虫爬到了岸边。它们脱掉身上的外壳，把灵巧的翅膀展开，拖着3条细长的线，向空中飞去。

可是它们的寿命不长，只能活一天，它们在空中快乐地唱着、跳着，因而，人们叫它短命虫。

整整一天时间，都在空中舞动着，就像雪花一样自由

延伸思考
【动作描写】
通过对类似雪花的动作描写，让读者感受到像雪花一样的动物的美丽样子。

延伸思考
【直接描写】
通过直接描写这类动物，经过三年的苦熬，换来一天的美丽生活，表述了对它们的赞美。

地飞翔。雌蜉蝣落在水面上，把卵产在水里。

太阳落山了，黑暗到来了，河面上撒满了短命虫的尸体。

蜉蝣的卵很快孵化成幼虫，幼虫又要在黑暗的河底待上3年，然后变成快乐的短命虫，展开翅膀飞到空中，快乐地跳着美妙的舞蹈。

可食用的蘑菇

夏日的雨后，蘑菇长出来了。在松林里长的白蘑菇是最好的蘑菇。

白蘑菇比较肥壮、厚实，它的帽子是深栗色的。它们能够发出一种香味，人闻了之后，觉得浑身舒坦。

在林中的小路旁，在浅草堆里，长出了一种油蕈。它有时也会长在车辙里。它们小时候比较好看，像一个毛毛球。外形是好看，但你不能用手去摸，它身上有一种黏黏的东西，总会有什么东西粘到上面，有时是树叶，有时是干草杆。

在松林的草地上，还长有一种松蘑菇。它全身是红棕色的，在远处就容易看到。在这里，松蘑菇多得惊人！大点儿的松蘑菇跟碟子一样大，帽儿上面有许多的小洞，这都是虫子咬的，帽儿还发着绿色的光。

最好的松蘑菇，刚好与硬币的大小差不多。这样的蘑菇才壮实、肥厚。它们的帽儿中间的部分凹下去了，四周向上翘起。

云杉林里的蘑菇也是比较多的。云杉树下长出了白蘑菇和松蘑菇，但和松林里的不太一样。这里的白蘑菇的帽儿是深色的，有些发黄，它的柄细长。这种蘑菇的颜色与松林里的相比较，就不大一样了，从上面看，帽儿是绿色的，还有一圈圈的花纹，很像树的年轮。

白杨和白桦下面，长着林子里特有的蘑菇。它们分别叫白杨菇和白桦菇。即使白桦菇离白桦比较远也能生长。但白杨菇就不是这样了，它不可以离开白杨，不然无法生存下去。白杨菇是一种美丽的菇，体型优美，帽儿和柄都比较端正。

◎尼·巴甫洛娃

有毒的蘑菇

雨后的草地上，有毒的蘑菇也长出来了。可以食用的蘑菇都是白色的。可是，有毒的蘑菇也有白色的，你可要小心啊！它可是最毒的一种蘑菇。它比毒蛇还要厉害，更让人心寒。若吃下一小块，就会丧命。如果中了它的毒，很少有人能够康复的。

不用那么害怕，这种毒蘑菇很容易辨认。它的柄与其他可食用的蘑菇有很大的区别，好像是在大花瓶里插着。听人们说，这种毒蘑菇容易与香菇搞混，但香菇的柄很普通，不会有人认为是在花瓶里插着。

这种毒蘑菇与毒蝇菇很相像，有人叫它白毒蝇菇。如果把它画下来，人们就很难辨认，究竟是毒白菇还是毒白蝇菇。它们的相同之处在于，帽儿上面有白色的碎片，柄上好像围了一条围巾。

延伸思考

【细节描写】通过细节上对白蘑菇的描写，来表现白蘑菇的美丽，教会读者如何辨认他们，普及了自然知识。

延伸思考

【直接描写】通过对毒蘑菇的描写，说明有毒的蘑菇经常会与无毒的蘑菇搞混，危害到生命。所以大自然的东西，不要随便食用。

还有两种更可怕的毒蘑菇，人们经常会把它们当成是白毒菇。一个叫胆汁菇，另一个叫魔鬼菇。

它们与白毒菇也有些区别。它们的帽儿是粉红色或红色的。如果把白毒菇的帽儿掰开，里面也是白色的。如果把胆汁菇和魔鬼菇的帽儿掰开，刚开始是红色的，慢慢就会变成黑色。

◎尼·巴甫洛娃

延伸思考
　【直接描写】通过描写两种毒蘑菇，表现出大自然的形形色色的植物，都有自己的特点。

名|家|点|评

　　文章通过描写形形色色的动植物，给大家呈现了美丽的大自然和多彩的世界，让我们对大自然有一定的认识，也呼吁人们热爱自然，保护自然。

拓展训练

1. 文中教会我们怎么辨别一些蘑菇？

2. 你对文中生命短暂的蜉蝣有什么感悟？

3. 面对动物们合作作战，你如何面对自己生活中的困难？

森林大战

森林大战，一听就是个有意思的故事。想知道森林里面会有什么样的事情像大战一样吗？让我们一起来欣赏吧。

第四块被采伐过的空地，是大约几年前被砍光的。这是我们的通讯员在那儿采访时所获得的消息。

小白杨和小白桦还没有长大，经常受到高大树木的欺侮，最后死在了它们手里。这个时候，在树林的下层，只有云杉还活着。

强壮的白杨树和白桦树，在上面打闹着、嬉戏着，云杉只能在阴暗的角落里生长。奇怪的事情又来了：如果谁长得快，谁就占了有利的一面，它就会欺压旁边的树，直到它们死去。

败者因为得不到阳光，变得枯萎了，也倒下了。在树叶帐篷的上方，出现了大洞，阳光从这个洞里射下来，照在云杉身上。

云杉害怕阳光的直射，不久，就生病了。

过了很长一段时间，它慢慢适应了强烈的阳光。

云杉恢复了健康，换上了新装。这时候，云杉快速生长，这让它的敌人猝不及防。还没有补好上面的漏洞，云杉已经长到与白桦和白杨一样高了。其他的云杉也跟着，

【拟人修辞】 通过拟人的修辞手法，把白杨树和白桦树描绘的很形象。把它们比作人来描写，这样更加容易表达，也更加容易让读者理解文章内容。

【直接描写】 通过直接描写，表现出云杉强大的生命力，表达了对生命的赞美，呼吁读者要敢于面对挑战。

延伸思考

延伸思考

把自己的长刺伸到了上面。

这时候，粗心大意的白桦和白杨才清醒过来，可已经晚了，云杉都已经长高了，并住进来了。

我们的通讯员亲身经历了它们之间残酷的斗争。

强烈的秋风刮过来。这些林木一看秋风来了，个个都兴奋不已。阔叶树向云杉扑过来，用手臂拍打着敌人。

平时胆小的白杨，这会儿也舞动起来，用力抓住云杉，把它的枝条都折断了。

可是，白杨并不是好战士。它们很脆弱，很容易被折断。云杉可不怕它们。

白桦和白杨可不一样。白桦比较柔韧，它的身体很强壮，又有弹性。它的枝条在微风中，也可以舞动起来。它一旦挥舞起来，周围的树木可要小心了，如果被它撞到了，就会有危险。

白桦和云杉展开了激烈的战争，它用柔韧的树枝不停地抽打云杉，云杉的许多针叶都被它打掉了。

如果白桦抓住了云杉的树枝，云杉的针叶就不停地下落；如果白桦撞了一下云杉，那云杉就会掉一块皮，云杉的树梢就会枯萎。

云杉可以战胜白杨树，却斗不过白桦树。云杉的树干比较坚硬，它们不容易折断，也不容易弯曲，但它的树干没有弹性，所以不能用自己笔直的树干去抵御。

至于它们的结果是什么样的，我们的通讯员还无法看到。要想看到结果，那就要在这里住上几年。所以，我们的通讯员就去找森林战争结束的地方。

这样的地方，我们的通讯员是在哪里找到的？我们将

延伸思考
【拟人修辞】
通过拟人的修辞把树木之间的战争动作描写得淋漓尽致，更加生动形象，便于读者想象。

延伸思考
【直接描写】
用直接描写的方法表现出一物降一物的道理。在大自然的环境下，这一点表现得更加突出。

在下一期《森林报》上报道。

恢复森林

我们的少先队员也开始了造林。我们在收集各种树木的种子，然后交给农庄和护林站。我们在校园里种植了许多小树苗，有枫树、白桦、橡树、榆树等。这些种子，都是我们自个儿收集的。

◎少先队员 斯密尔诺娃 阿尔卡基诺娃

名|家|点|评

文章先通过描写树木之间的战争，来表现大自然的美丽及丰富多彩的植物。接着用自己的行动呼吁大家爱护森林，保护森林，植树造林。文章用了许多修辞手法，使文章生动有趣，不枯燥，更加吸引读者。

拓展训练

1. 我们要如何爱护森林，如何保护植物？

2. 假如我们身边有森林，我们应该如何去做？

3. 少先队员们为恢复森林做了什么？

绿色的朋友

绿色的朋友——我们很快就能想到是大森林里的树木。这些树木给我们人类带来了绿色，带来了氧气，是我们人类的好朋友。所以，我们要保护它们，多多植树造林。

用哪些树来造林

应该用哪些树来造林呢？为了造林，我们选好了 16 种乔木和 14 种灌木，这些树木，在苏联各地都可以栽种。

以下是这些树木中最主要的：

橡树、白杨、山杨、白桦、榆树、枫树、松树、落叶松、桉树、苹果树、梨树、柳树、金合欢、野蔷薇、醋栗等。

所有的小孩子都要明白这件事，并要记得牢牢的，因为要开辟苗圃，就要知道需要采集什么植物的种子。

◎森林通讯员 彼·拉甫罗夫谢·拉利奥诺夫

延伸思考

【直接描写】小朋友们牢记这些种子，为植树造林打基础。也告诉我们从小做起，为建设美好家园贡献自己的力量。

名家点评

我们要爱护这些绿色的朋友，因为有了它们我们才有清新的空气，优美的环境。所以，从小做起，多多植树造林，为了美好的环境贡献自己的力量吧！

集体农庄生活

农庄的生活想必现在是许多大城市居民想要的生活，那么我们所向往的生活会是什么样子呢？让我们看看都有什么有趣的事情吧。

在我们这儿的各个集体农庄里，庄稼快要收割完了。现在是田里农活最忙的时候。收割下来的头一批最好的粮食，是交给国家的。每一个集体农庄首先都要把自己的劳动果实交给国家。

庄员们收割完黑麦，收割小麦；收割完小麦，收割大麦；收割完大麦，收割燕麦；收割完燕麦，就要收割荞麦了。

从各集体农庄到火车站的路上，车水马龙，一辆辆大车上都满装着集体农庄新收获的粮食。

拖拉机老是在田里轰隆轰隆地响着：秋播作物已经播种完毕，现在正在翻耕土地，准备明年的春播。

夏季的浆果已经过时了，可是果木园里的苹果、梨和李子都熟了。林子里有的是蘑菇；在铺满青苔的沼泽地上，蔓越橘发红了。农村的孩子们在用棍子打一串串沉甸甸的山梨。

被人称作公田鸡的山鹑，一家老少可遭了殃。起先它们从秋播庄稼地搬到了春播庄稼地，现在又得飞呀，跑呀，从这块春播庄稼地搬到那一块春播庄稼地里去。

延伸思考
【动作描写】通过收割一系列农作物，表现出农民们丰收的喜悦，也表现出庄员们的勤劳与忙碌。

山鹑躲进了马铃薯地。在那里，谁也不会去惊动它们。

不过，现在集体农庄庄员们又到马铃薯地里来挖马铃薯了。马铃薯收割机出动了，孩子们点起了篝火，在地里搭起了小灶，就在那里烤马铃薯吃。每一个人的脸都抹得漆黑的，像黑小鬼似的，叫人看了害怕。

灰山鹑从马铃薯地里跑出来了，飞了开去。它们的雏鸟已经长大了，现在许可猎人猎捕它们了。

得找个地方藏身、寻食呀！可是，上哪儿去呢？各处田里的庄稼都收割了。不过，这时候秋播的黑麦已经长得相当高。有地方打食吃了，有地方躲避猎人敏锐的眼睛了！

延伸思考
【比喻修辞】
通过比喻的描写，表现出上至庄员下至小孩子，都享受着丰收的喜悦，也表现了庄员们丰收的满足。

 ## 神眼人的报告

8月26日，我赶着一辆大车运送干草。走着走着，看到一堆枯树枝上歇着一只大猫头鹰，两只眼睛老盯着树枝堆。我心想：真奇怪！猫头鹰离我这么近，怎么不飞走呢？我把车停住，下了车，走上前几步，捡起一根树枝，朝猫头鹰扔过去。猫头鹰飞走了。它刚一飞走，就从枯树枝堆底下飞出几十只小鸟。原来它们藏在那儿，避过了它们的敌人——猫头鹰。

◎森林通讯员 列·波利索夫

延伸思考
【疑问修辞】
通过主人公的疑问，表现出事情的蹊跷，也为下文做出铺垫，说明猫头鹰有目的的在等候食物。

机器植树

由于需要种植的树木很多，光凭人的两只手是无法胜任的。所以，机器就来助一臂之力了。

人发明和制造了形形色色的机器，它们既机灵又能干，无论是种子、树苗，还是大树，它们都会种。

有机器来种植林带、绿化谷地、挖掘池塘、处理土壤、养护苗圃，显得很方便。

新的湖

在列宁格勒，有许多大河流、小河流、池塘和湖泊，所以这里的夏天不是很热。在克里米疆区，池塘不多，而且没有湖，只有一条小河流经过这里。到了夏天，小河干涸了，人们只要卷起裤腿，光着脚就可以走过去。

以前，集体农庄的果园和菜园，经常闹旱灾。现在，这里不会再缺水了。因为庄员们新挖了一个水库，这是一个很大的湖，里面有水 500 万立方米。有了这个湖，就可以用来灌溉农田了，同时还可以养鱼、养水禽，一切都显得那么生机勃勃。

我们要帮忙造林

我国人民现在从事着伟大的和平劳动，在许多条河流上都建立了空前的大水电站，到处造森林带，这些森林可以保护田地，挡住风沙的侵袭。我国人民都在参与这些活动。少先队员和小学生也想帮助造林，他们曾在祖国的红旗下宣誓：要过有意义的生活，要忠于祖国和人民。也就是说，需要我们用双手来建设我们的国家。

沿着伏尔加河会看到一排排小树，从这一头一直到那一

延伸思考
【直接描写】通过描写庄员们挖了一个水库，从而能够滋润整个村庄的作物，从侧面告诉读者，辛勤的耕耘才能有所收获。

延伸思考
【直接描写】通过描写人民的活动，呼吁人们要多做有益于人民的事情，也表现了作者爱护大自然的情感。

头。现在这些树苗还小，还没有长结实，每一棵树苗都会遇到很多敌人，例如害虫、小兽、热风等。我们学校的共青团和少先队员决定要保护这些小树，不让它们受到敌人的侵害。

我们知道，椋鸟一天可以消灭 200 克的蝗虫，如果这种鸟儿在附近，会给我们带来很多好处。所以少先队员们就制造了 350 个椋鸟房，挂在了小树林的附近。

金花鼠和其他类似的小动物对小树的危害很大，我们和小朋友们一起来消灭金花鼠。于是，我们往它们的洞里灌水，用捕鼠机逮它们。我们还要制造一种新型的捕鼠机。

我们这个省的集体农庄，将要负责照顾这些小树，而且还要栽种田林带。庄员们需要大批的林木种子和树苗。

在今年夏天，我们将收集 1000 千克种子。很多学校都将开辟苗圃，为防护林带、培植各种各样的小树苗。我们将要和小朋友们一起组织少先巡逻队来保护林带，不让林带受到践踏、破坏，防止发生火灾。

这是少先队员应做的起码工作。如果我国的少先队员和小学生都这样做的话，我们就可以给祖国带来很多好处。

◎萨拉托夫市第六十三男子七年制学校的全体学生

名|家|点|评

　　本节通过几则故事，告诉读者们美丽的环境会使人们的生活更加美好快乐，并且呼吁人们要爱护环境，呼吁人们植树造林，多做有宜于环境的事。作者通过几个故事从而让读者不感到枯燥无味。

延伸思考

　　【直接描写】通过直接描写，给读者们普及自然知识，也在呼吁读者要植树造林，多做有益于自然的事。

延伸思考

　　【直接描写】通过直接描写告诉读者们，现在已经有许多人加入到植树造林爱护环境的道路上，呼吁大家响应口号。

集体农庄新闻

名家导读

农庄里生活着各种动物、植物，每天都有各种各样的事情发生。接下来，我们一起来看看在这个农庄里又发生了哪些有趣的新闻。

战略

在只剩下麦秆的田里，杂草埋伏起来了，杂草是田地的敌人呀！杂草的种子落在地上，长长的杂草根茎藏在地下。它们在等待春天的来临。春天，人把地一翻耕完，种上马铃薯，杂草就会活动起来，开始妨害马铃薯的发育。

集体农庄庄员们决定使个计策，欺骗一下杂草。他们把粗耕机开到田里去。粗耕机把杂草种子翻到土里去了，把杂草根茎切作一段段。

杂草以为春天来了，因为那时天气挺暖和，土又松软，于是它们就发芽生长起来了。种子发芽了，根茎也发芽了，田地变得一片绿。

这可把集体农庄庄员们给乐坏了！等杂草长出来以后，在秋末，我们就把地再耕一遍，把杂草翻一个底朝天。这样，在冬天，它们就会冻死。杂草呀！杂草！你们甭想欺负我们的马铃薯！

延伸思考

【直接描写】通过直接描写农民针对杂草的策略，表现出农民伯伯的智慧，能够轻松应对杂草的困扰。

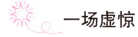

一场虚惊

林中的鸟兽惊慌失措：在森林边缘上出现了一批人，他们在往地上铺干的植物茎。嗬！这准是一种新式的捕鸟捕兽器！林中居民的末日来临了！

其实这不过是一场虚惊——原来人们到这儿来，完全是怀着好意。他们是集体农庄庄员。他们是在往地上铺亚麻，铺成薄薄的一层，一行一行非常整齐，亚麻留在这里经受雨水和露水的浸润。经过这一番程序以后，亚麻茎里的纤维就容易取出来了。

兴旺的家庭

在五一集体农庄，母猪杜希加生了 26 个孩子。在 2 月里刚向它道过喜呢，那时它生了 12 个孩子。好一个猪口兴旺的家庭！孩子可真不少！

公愤

在黄瓜田里引起了公愤，黄瓜们吵吵嚷嚷："为什么庄员们隔一天到咱们这儿来一趟，把咱们的绿颜色青年都采走了？叫它们安安静静地成熟，该多好！"

可是庄员们只留下少数黄瓜当种子，其余的趁绿就都采走了。绿黄瓜嫩而多汁，很好吃。一成熟，就不能吃了。

帽子的样式

林中空地上和道路两旁，长出了棕红蘑菇和油蕈。松林里的棕红蘑菇最好看——颜色火红火红的，矮矮胖胖，结结实实，帽儿上有一圈圈的花纹。

孩子们说，这种帽子的样式，棕红蘑菇是从人这儿学去的——它们的帽儿的确很像草帽。

油蕈就不同了。它们的帽子跟人的帽子不相像。别说是男人，就是年轻姑娘，为了赶时髦，都不会去戴这种帽子。要知道，油蕈的帽儿黏糊糊的，实在不令人产生好感呀！

延伸思考

【直接描写】通过对棕红蘑菇的直接描写表现出可爱的棕红蘑菇美丽的样子，也衬托出村庄美丽的一角。

扑了个空

一群蜻蜓飞到曙光集体农庄的养蜂场来捉蜜蜂吃。蜻蜓大失所望：奇怪，养蜂场里怎么没有蜜蜂呢？原来7月中旬以后，蜜蜂搬到林中盛开的帚石南花丛里去住了。

它们将在那里酿制黄澄澄的帚石南蜂蜜。等帚石南花谢了，它们就搬回来了。

◎尼·巴甫洛娃

名|家|点|评

文章通过写庄员的活动及几处美丽的风景，表现出村庄环境的优美，庄员们悠然自得的生活习惯。文中用了许多修辞手法，值得读者们借鉴。

打猎

　　本节通过对猎人与自己爱犬打猎的描写，表现出猎人与爱犬之间的默契与猎人熟练的狩猎技巧。后文引出了猎人的几个传奇故事，可让读者通过猎人狩猎的故事学到很多道理。

带着猎犬捕猎

　　在8月里的一个早上，我和塞索伊奇一块去捕猎。我的两条猎犬兴奋地叫着，还不停地向我身上扑。拉达是塞索伊奇的一条赛特猎犬，毛色柔软，身体强壮，看上去很漂亮。它抬起前腿，搭在了主人的肩膀上，还舔了一下主人的脸。

　　"去，去，你这个讨厌的家伙！"塞索伊奇用袖子擦了擦嘴，装出生气的样子说。

　　这个时候，3条猎犬已经离开我们了，在草地上跑着，跳着。漂亮的拉达迈开灵巧的步伐，开始狂奔，它花白的身影一会儿消失在碧绿的灌木丛里，一会儿又不知什么时候钻出来了。在奔跑的过程中，它们兴奋地直叫。我的两条猎犬，好像有些不高兴了，它们呜呜地叫着，拼命去追拉达，可就是追不上。

延伸思考

【直接描写】通过对猎犬的直接描写，表现出猎犬兴奋的状态，引出后面猎犬的表现，给下文做出铺垫。

就让它们跑一会吧！

我们来到了灌木林边。它们听到口哨，马上就跑过来了，在我身边转来转去，并在草墩和灌木上不停地嗅着。拉达跑到我们前面去了，它高兴地跑着，跑着，突然间，它站在那儿不动了。

它好像是看到了一个网子，一动不动了，而且还保持着刚才奔跑的姿势，头向左偏着，脊背拱起，左前脚抬起，像羽毛似的尾巴伸得非常直。

这不是什么铁丝网，而是它嗅到了野禽的气味，使得它停了下来。

"您打吧？"塞索伊奇对我说。

我没有答应他。我把我的两条猎犬叫过来，让它们趴在我的脚边，以免它们添乱子，别把拉达发现的猎物吓跑了。

塞索伊奇慢慢地走到拉达身旁，从肩上取下猎枪，右手指放到了扳机上，随时都会扣动扳机。他没有急着让拉达向前走，而是在欣赏着拉达发现猎物时的优美姿势。

"向前走！"塞索伊奇下达了命令。

拉达还是站在那里，一动不动。

我想，这里肯定有一窝琴鸡。塞索伊奇再次命令，拉达开始向前走了一步。砰！砰！几声枪响，棕红色的大鸟从灌木丛里飞出来了。

"拉达，向前冲！"塞索伊奇一边重复着命令，一边举起了枪。

拉达飞快地向前跑去，转了半圈，又站在那里不动了。这次停在了别处。

延伸思考
【动作描写】通过对猎犬的动作描写，表现出猎犬注意力集中的状态，引起读者想象出猎狗捕猎前的样子。

延伸思考
【动作描写】通过对猎犬的动作描写，表现出猎犬敏锐的嗅觉；除了主人发现的东西之外自己还有所发现。

那儿有什么东西呢？塞索伊奇走过去，命令道："向前走！"拉达钻进了灌木丛里，很久才出来。这时，在灌木丛的后面，飞出来一只红棕色的鸟，不是很大。它扇动翅膀时，感觉很无力。它的两只脚好像是受了伤，在身后拖着。

塞索伊奇把猎枪放下，气愤地把拉达叫回来。

原来这是一只山鸡。

这是草地上的一种野禽，在春天的时候，它的叫声比较刺耳，猎人还是比较爱听的，但在捕猎的季节里，猎人就非常讨厌它了。它会在草丛里，钻来钻去，猎犬没法指示方向，好不容易做出进攻的姿势，它早就从草丛里溜掉了，叫猎犬白忙活一场。

现在，我和塞索伊奇分手了，说好了在小湖边见面。

我沿着一条小峡谷走去，峡谷里树木丛生，百草丰茂。我的两条猎犬跑在了前面。我准备好随时放枪，两只眼睛盯着它们两个，它们随时会惊动野禽。它们在灌木丛里钻来钻去。它们的尾巴，像风扇似的，不停地摇摆着。

确实是这样，不能让它们长出长尾巴的，不然，它们的尾巴就会打动草木，会弄出很大的响声，而长尾巴也会被灌木磨破皮的。猎犬长到3个星期大的时候，尾巴就被砍断了，以后就不会长了。留下来的半截尾巴，刚好用手抓住。如果落入了沼泽里，抓住尾巴就可以把它拉上来。我盯着它们俩，自己也不知为何，还可以看见周围的景色，看见奇怪的景观。

我看到太阳爬上了树梢，照得青草和树叶发出了耀眼的光芒。在青草和灌木上，有许多闪闪发光的蜘蛛网，像

延伸思考
【侧面描写】从山鸡的动作表现出山鸡的灵活，也从侧面说明猎人难以抓到山鸡，表现出大自然的有趣性。

一根根细线。松树的树干有些弯曲，好像是一把椅子，只有童话中的森林神才可以坐上去。可是并没有森林神，在那个座位上，聚集了好多的水，有几只蜘蛛在那里跳舞。

两条猎犬在那里喝水。我的喉咙也发干了。在脚边，有一片宽大的树叶，上面有一颗露珠，闪闪发光，很像是一颗价值不菲的宝石。

我弯下腰，轻轻摘下这片叶子，连同叶子上的最纯洁的水滴。这是一滴吸收了朝阳的水滴。

感觉有什么东西碰到了我的嘴唇，原来是一片毛茸茸的、湿漉漉的树叶，树叶上的小水珠滚落到了我的舌尖上。

这个时候，我的一条猎犬山姆叫了起来："汪！汪！汪汪！"我放弃了那片树叶，让它随处飘吧！

山姆一边狂叫着，一边沿着河边跑去。它的尾巴也摇得更厉害了。

我赶快向河边跑过去，想赶到猎犬的前面。

可是已经迟了，一只我们没有发现的鸟儿，扇动着翅膀，从白杨树后面飞起来了。

它一直向上飞，这时，看清楚了，是一只野鸭。我还没有瞄准，就开始放枪，霰弹穿过树叶，打到了野鸭。野鸭落入了水里。

这一切来得太突然了，我感觉像是没有开枪，是在意念的引导下打死了野鸭。这个念头一闪而过，野鸭就落入了水里。

山姆也跳入了水里，迅速游过去，找到了猎物。山姆顾不上抖落身上的水，把猎物送来了。

"很好！谢谢你！老伙计！"我弯下腰，用手抚摸着

延伸思考

【比喻描写】用比喻的修辞手法，形象地表现出蜘蛛网的形状，也为大自然赋予了神话的色彩，让读者感觉到自然的美妙。

延伸思考

【比喻描写】用比喻的修辞手法，把闪闪发光的露珠比喻成宝石，让读者感到大自然无处不在的宝藏。

延伸思考

【侧面描写】从侧面描写了主人公熟练的枪法，这样比直接说打到猎物表达效果更好。

它的头。

这时，它开始抖身子了，水滴一下子溅到我身上了。

"你这个无礼的家伙！走！我们走！"

山姆开始跑了。

我用手指捏住野鸭的嘴巴，把它提起来，掂量掂量，看有多重。好样的！嘴巴还挺结实，承受得住身体的重量。这说明这不是一只幼野鸭，而是一只成年的野鸭。

我把它挂在了背带上。两条猎犬也开始向前跑去了。我一边追它们，一边往枪里装霰弹。

峡谷到这里比较开阔了。沼泽地一直通到斜坡的高岗边，那里有许多的青草和苔草。

山姆和鲍仪在草丛里乱窜，它们在那儿发现什么了？

顿时，好像整个世界都来到了这片沼泽地。这时的心情是马上就能看到猎犬发现的是什么，如果有野禽，可不要让他们跑掉呀！

我的两条猎犬钻进了草丛里，看不到它们了，只有它们的耳朵时隐时现。它们在那里做着"搜索跳跃"的运动，它们跳起来，可以看到附近的猎物。

只听见扑腾一声，一只长嘴沙锥从草丛里飞出来。它飞得很低，速度比较快，弯弯曲曲地飞着。

我瞄准后，放了一枪，它还在飞行。

沙锥在空中盘旋了一会，随后两腿伸直，落在草墩上，离我比较近。它站在那里，嘴巴在地上支着，好像一把利剑。

离我这么近，又一动不动，我不忍心打它了。

这时，两条猎犬跑过来了，它们又把它冲飞了。这

延伸思考

【语言描写】通过主人公对猎狗调皮的回应，可以看出主人公与自己的爱犬有着很深的默契，简单的一句话，表现出自己打猎的乐趣。

延伸思考

【心理描写】通过主人公的心理描写，表现出主人公的仁爱之心，虽然经常打猎，但是人之善良的本性还在。

次，我用左枪管射击，仍没有打中！

哎呀！这是怎么回事！我都打了30年了，打过几百只，可是一看到野禽飞起来，心里还是有些紧张。这次，有些太着急了。

这能有什么办法呢！现在得去找琴鸡了，不然，塞索伊奇就会瞧不起我。他肯定会问起我，你打到什么猎物了？城里人比较喜欢沙锥，它的肉很香，村里人不看重它，个头儿太小。

在山丘后面，塞索伊奇的第三次枪声响了。也许他已经打到5公斤的野味了。

我淌过小溪，向斜坡走去。从斜坡向下看，可以看得很远。那里有一片被砍伐过的空地，再远一些，就是黑麦田。咦！那不是拉达吗！在那里窜来窜去，那不是塞索伊奇吗！

呵呵！拉达站住了！

塞索伊奇走了过去，接着，就是两声枪响。

拉达去捡猎物了。

我也别在这里看了。这时，我的猎犬已经跑进了树林里。我突然想起，如果我的猎犬跑进密林深处，那我就顺着空地走。

空地非常的宽阔，如果有鸟儿飞过，只需要开枪就成了。只要猎犬把鸟儿往这边撵。

鲍仪叫了起来，山姆也叫了起来。我赶快向它们跑过去。

我跑到了猎犬的前面。它们在那儿干什么呢？是不是有琴鸡钻进了灌木丛，引得猎犬到处找？

【延伸思考】
【心理描写】
通过主人公心理小小的想法，表现出猎人之间的相互比斗，表现出猎人想打到好猎物的心情。

延伸思考

【比喻描写】
通过比喻描写出琴鸡的外形，也表现了主人公敏锐的洞察力，很快便分辨出琴鸡，侧面表现了主人公是个有经验的猎人。

延伸思考

【心理描写】
表现出猎人没有打到自己喜欢的猎物的难过心情，但也表现了猎人乐观的态度。

延伸思考

【心理描写】
通过一系列的心理描写，表现出主人公对自己今天收成的不满意，看到欢乐的猎犬，自己内心很难过。

"扑搭"一声，一只琴鸡从里面飞出来了，浑身黑乎乎的，像是被火烧了一样。它顺着空地飞去。

我举起枪，连放两枪。

琴鸡拐了个弯儿，钻入了树林，消失了。

是不是又没打中？不会呀！这次我瞄得很准的呀！

我把两条猎犬叫回来，向琴鸡飞去的地方走去。我在那里找，猎犬也在那里找，可就是不见琴鸡的影子。

唉！今天真是倒霉透了！可是你用得着生闷气吗！猎枪是最棒的，霰弹是自己装的。

我再碰碰运气，到了湖边，也许会好一点。

我又回到了空地，离这儿不远，有一个小湖。这会儿，我更气愤了，猎犬不知跑到哪儿去了，怎么叫它们，都没有回来。

不管它啦！我一个人去吧。

鲍仪不知从什么地方回来了。

我想，你跑到哪里去了！你以为你是猎人呀！那好吧，你拿枪，自己去放呀！为什么不动，是不会吗？你为什么四脚朝天？你看你都成了什么样子了？今后要听话点儿。你们都是一些笨家伙。人家不会像你们，能够指示猎物。要是有拉达在，就不是这个样子。也许我能打中许多猎物。飞禽在拉达面前，就像是用绳子拴住了似的，根本无法逃脱。那么，打中它也就很容易了。

这时，走过几棵大树，平静的湖面就映入了我的眼帘。我又有了新的希望。

湖边长满了芦苇。不知何时，鲍仪已经跳入了水里，快乐地游着，还把芦苇弄得歪歪斜斜。

鲍仪汪汪叫了起来，从芦苇里飞出一只野鸭，嘎嘎地叫着。

我朝野鸭放了一枪，野鸭刚从芦苇飞起来，就被我打中了。长长的脖子一歪，"啪嗒"一声，掉进了湖里。它的肚皮朝上，在湖面上躺着，两只红色的脚掌还在划水。

鲍仪游过去。刚要张嘴去咬它，突然，野鸭钻入了水中，消失了。

鲍仪被弄得一头雾水，野鸭到底去哪儿了？鲍仪在那里找来找去，可就是没有找到。

忽然间，鲍仪扎进了水里。这咋回事？它是不是让什么东西给缠住了？会不会沉到水底？这如何是好？

野鸭浮上来了，慢慢向岸边游过来。它游的姿势很特别，脑袋在水里浸着，身子向一边侧歪。

哇！是鲍仪衔着它！它在野鸭后面，所以看不见它的脑袋。太好了！鲍仪潜入了水里，把猎物找了回来。

"很不错呀！收获不小啊！"这是塞索伊奇的声音，他从我身后悄悄走了过来。

鲍仪游到了草墩边，爬了上去，把野鸭放下，开始抖身上的水。

"鲍仪！赶快衔过来，快点衔过来！"

它竟然不听话了，对我的喊声没有任何反应。

山姆不知从哪里钻出来了。它游过去，朝儿子叫了两声，然后衔着野鸭给我送来了。

它抖落身上的水，跑进了灌木丛。这是我意想不到的收获，它竟然从灌木丛里衔出来一只死琴鸡。

难怪很久没有看见它了，原来它一直在林子里跟踪琴

延伸思考

【动作描写】通过一系列形象的动作描写，表现出野鸭此时在水上的姿态，为下文猎狗抓到猎物做出铺垫。

延伸思考

【侧面描写】通过一只猎狗对另外一只猎狗的侧面描写表现出猎狗的可爱，也表现了猎狗在主人公面前出色的表现。

鸡。也许就是那只被打伤的琴鸡，它找到后，赶快衔了回来，它是小跑回来的，这段路足有半公里。

在塞索伊奇面前，我有这两条猎犬，我感到很自豪！

真是一条忠实的猎犬呀！它为我服务了11年了，一直都是尽心尽力，非常勤快。可是它们的寿命不是很长，这也许是最后一次陪我出来捕猎了。以后，我还能找到像你这样的猎犬吗？

我在篝火边喝茶时，这些想法一直回荡在脑海里。

塞索伊奇把自己的猎物都挂在了白桦树上，他打到了两只小松鸡和小琴鸡。

3条猎犬围着我，眼睛一直注视着我，好像是向我要猎物吃。

不会少它们的，它们干得非常棒，都非常优秀。

时间还真快，马上就到中午了。头顶的天空是蔚蓝的，白杨树的叶子在空中舞动着，发出一阵阵响声。

这真是太美了！塞索伊奇坐下来，抽起了卷烟。他陷入了沉思。

太棒了！接下来，我就要听到他捕猎的传奇故事了。

现在猎捕刚出巢的鸟儿，正是好时候。要猎到机灵的鸟儿，就必须用心计。光靠这些是不行的，还要了解野禽的生活习性。

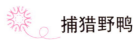

捕猎野鸭

猎人们都知道，小野鸭学会飞以后，它们就会集体飞行，从这里飞到其他的地方去。一天要来回飞行两次。白天，它们要钻进芦苇丛里去休息、睡觉。傍晚，它们就飞出来，向另外一个地方飞去。

猎人已经在这儿埋伏好了。他知道野鸭要飞到田里去，所以在那儿等它们来。他躲在岸边的灌木丛里，面对着湖面，看着落日。

太阳快要落山了，这时，天空中出现了晚霞，把大地照得通红。野鸭在晚霞的照射下，黑色的身影很显眼。它们朝这边飞过来了。他很容易瞄准，从灌木丛后面趁其不备，打上一枪，肯定会收获很大。

他连续打枪，直到天黑才停下来。

夜间，野鸭就在麦田里吃食。早晨，它们回到了芦苇丛。猎人正在那儿等它们呢！

现在，猎人的脸朝着东方，背水站着。成群的野鸭朝他的枪口飞过来了。

我的得力助手

一窝小琴鸡正在树林里找食吃。可是，它们总是挨着林边走，原来，它们一旦遇到不测，可以快些逃进树林。

瞧！它们在那儿啄浆果吃呢！

有一只小琴鸡，听到了草丛里的脚步声，抬头一看，从草丛里伸出一张可怕的面孔，肥大的嘴唇，两只眼睛放着凶光，死死地盯着小琴鸡。

小琴鸡害怕了，整个身子缩成了一团儿，两只小眼睛看着这张兽脸，看下面会发生什么事。只要它往前走一步，小琴鸡就会飞起来，那你就到空中去捉我吧！

【直接描写】 通过对野鸭的生活习惯的描述，表现出猎人对猎物的熟悉，也为下文猎人捕捉到野鸭做出铺垫。

【动作描写】 通过猎人的动作描写，表现出猎人连续打枪的收获，也从侧面表现出猎人的经验让猎人能打到猎物。

【细节描写】 通过对小琴鸡的细节描写表现出此时猎物与猎狗直接的对峙，生动形象地描述出当时的情景。

时间过得还真慢呀！那双凶狠的眼睛还在盯着小琴鸡。小琴鸡非常害怕，没敢飞起来。可是那个家伙也一动不动。

突然，有人喊了一声："向前走！"

那只野兽就扑了过来。小琴鸡也飞起来了，速度极快，像一支箭似的，向树林飞去。

只听"砰"的一声，闪过一道光，树林里冒出了浓烟。小琴鸡头一歪栽到了地上。

猎人把小琴鸡捡起来，又叫上猎犬向前走了。"轻点儿！认真地找，拉达，赶快找！"

藏身

云杉树长得很高大，树林里黑乎乎的。四周非常安静，没有任何的声音。太阳已经落山。猎人在安静的树林间走着。

前面发出了一阵响声，好像是树叶的声音，这会儿刮来了一阵风，吹动了树叶。再往前，就是白杨树林了。

猎人站住了。可这会儿，又安静了。

现在，又开始响了。有点像雨点声打在了树叶上，"吧嗒，吧嗒，啪，啪，啪……"

猎人慢慢地向前走着，很快就靠近了白杨树。"吧嗒，吧嗒……"又听不到声音了。树叶太稠密了，根本看不清楚是什么。

猎人停下来，站在那里一动不动。

看看谁的忍耐力强，是那个藏在白杨树上的，还是埋

【动作描写】通过一连串的动作表现出猎人打下猎物时的情形，也表现了猎人熟练的打猎技术。

【声音描写】通过对声音描写，表现出距离猎物越来越近，也表现了猎人敏锐的洞察力。

伏在树下的、拿着猎枪的人呢？

很久了，没有任何的动静。周围显得很安静。后来，那种声音又响起来了，"吧嗒，吧嗒，吧嗒……"

这回可知道了。

一个黑色的身影，不知是什么东西，在啄白杨树的树枝，发出"吧嗒"的声音。

猎人瞄准那个黑影，放了一枪。那个不在意的小松鸡，从白杨树上掉了下来。

这种捕猎是比较公平的。飞禽藏得很隐蔽，猎人来得也是毫无知觉。

要比试的是：谁先看到了对方？谁的忍耐力更强？谁的眼睛比较亮？

延伸思考

【疑问修辞】通过一连串的疑问，侧面突出作为一个猎人应有的素质，也是比较一个猎人能力的标准。

琴鸡上当

云杉树林里密密麻麻，猎人顺着小路走着。

"扑腾，扑腾"，脚下边飞起了许多琴鸡，8只，不，10多只呢！

还没来得及举枪，就已经飞到云杉树上了。不用白费劲去找它们了，树叶密密麻麻，无法看清楚。

这时，猎人躲到了一棵云杉树后面。他从口袋里掏出小笛子吹了一下，然后坐在了树墩上，一只手拿着枪，准备好随时放枪，另一只手拿着笛子放到嘴边吹。

这场戏也就开始了。

小琴鸡这会儿都隐藏了起来，不知什么时候会出来。在妈妈没发出"安全了"的信号前，它们是不会出来的，也不会发出声音。每一只琴鸡都老老实实地待在那里。

"啾！啾！啾啾啾！"这就是信号，是说："可以啦！安全啦！"它继续叫，"啾！啾啾啾！"

琴鸡妈妈肯定地说："安全啦！安全啦！飞到这里来吧！"

一只小琴鸡从树上飞下来了，在地上跳着。它在认真地听妈妈的声音是从哪里发出来的。

"啾啾啾！啾啾啾！在这儿呢，到这边来吧！"小琴鸡跑到了小路上。"啾！啾！"原来声音在这儿呢！在云杉树的后面，在树墩旁边。

小琴鸡跑了起来，顺着小路飞快地跑着，可它没想到，自己正冲着猎人的枪口跑来。

猎人看它靠近了，就放了一枪，然后又开始吹笛子。笛子又发出了妈妈的声音："啾啾！啾啾啾！啾啾！"

又有一只小琴鸡上当了，白白来送命了。

◎森林报特约通讯员

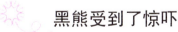

黑熊受到了惊吓

这天夜里，猎人从树林里走出来时，已经很晚了。他走到了一块燕麦地，定睛一看，燕麦地里好像有个黑乎乎的东西，在那里不停地转着圈儿。

那到底是什么呀？是不是牲口闯进了燕麦地？

猎人看了看，惊讶起来！原来是一只大黑熊。它肚皮朝下，趴在了地上，用两只前掌搂着麦穗，往身子底下一

压，正在那里吮吸呢！它趴在那里，一副很得意的样子，嘴里还不断地哼着。看来，它非常喜欢吸燕麦的汁液。

这个时候，猎人没有带子弹，身上只有一颗小霰弹。这个猎人是个很勇敢的人。

他心想："能不能打死它，先放一枪再说。总不能让它在那里胡作非为呀！不给它点颜色看看，它是不会停下来的。"

猎人瞄准后，朝黑熊放了一枪，刚好打在了耳朵上。

这一声枪响，可把黑熊吓坏了，迅速跳起来，往干草堆跑去。

黑熊跳过去后，还摔了一跤，站起来，又往树林深处逃命去了。

哎呀！黑熊胆子这么小啊！猎人大笑一阵，就拿着猎枪回家了。

第二天早上，猎人想："我得去看看燕麦田，到底践踏成什么样子了。"他到这里一看，地上有许多熊粪，一直到树林里。有可能是熊昨晚受到惊吓，拉肚子了。猎人心想。

猎人顺着熊粪找过去，在树林里发现了它，可是已经死去了。呀！它可是树林里最凶猛的野兽呀！

与众不同的野鸭

在湖面上，有一群野鸭游过来了。

我从岸上观察着，突然，我看到这群野鸭中间，有一只浅色羽毛的鸭子特别显眼。它总是在中间待着。

我拿着望远镜，细细地观察它。它全身都是浅色的。当太阳升高一点后，阳光更强烈了，这时，从它身上发出

【心理描写】 从心理描写表现出猎人的勇敢，也表现了猎人敢于尝试，勇于实践的冒险精神。

【心理描写】 通过对猎人心理的描写，表现出猎人的心理素质很高，对自己成功吓跑黑熊很满意。

一道白光，照得人的眼睛很难睁开，它在同类中，显得比较突出。其他地方，与这些野鸭没有什么不同。

我狩猎都50年了，还是头一次见到这种野鸭。这是一只患病的野鸭，它的血液里缺乏色素，一生下来，全身上下都是白色的，或是颜色非常浅，终生都是这样。自然界的动物都有保护色，这样才能保证自己的安全。

这样的野鸭很稀少，不知它是怎样躲过敌人的利爪的。现在不好办了，它们落在湖的中央，这让人不容易打到它们。我有些焦急了，但也只能等待机会，等这只野鸭靠近岸边，离我近一些。

我没有想到，机会这么快就来了。这一天，我沿着湖边正走着，突然间，从草丛里飞出来几只野鸭，那只白野鸭也在其中。我举起枪就打，可是它被一只灰色的野鸭挡住了。灰野鸭落了下来，那只白野鸭和其他的野鸭逃走了。

这是偶然吗？也许是的。在这个夏季，我又看到过它几次，可是每次都在湖中央，有很多的野鸭围着它，好像是保卫队一样。所以，猎人的枪每次都打在了灰色的野鸭身上，白野鸭安然无恙地飞走了。

我一直都没打到这只白野鸭。

这件事发生在皮洛斯湖上，皮洛斯湖位于诺夫哥德州和加加尔州的交界处。

名｜家｜点｜评

本文通过对猎人及猎犬的描写，引出许多小故事，同时赋予猎人身上的种种素质及精神也值得读者从中学习，为读者留下了许多对狩猎的联想。

打靶场

第六场竞赛

1. 在水里，有一条鱼在自由地游着，你知道它有多重吗？

2. 蜘蛛在蜘蛛网的旁边埋伏着，它是怎么知道有没有捉到猎物的？

3. 哪种野兽会飞？

4. 在白天，小鸟发现了猫头鹰，它会怎样做？

5. 蜘蛛什么时候才可以飞行？是怎样飞的？

6. 什么样的昆虫（成虫）没有嘴？

7. 家燕和雨燕在晴朗的天气里飞得很高，但为什么在阴天飞得很低，甚至贴着地面飞？

8. 在下雨前，为什么家鸡要梳理自己的羽毛？

9. 你通过观察蚂蚁的巢穴，是如何来判断天是否下雨？

10. 蜻蜓的食物是什么？

11. 什么动物喜爱吃树莓？

12. 夏天，要观察鸟的脚印，最好的地方是在哪里？

13. 在我们这里，最大的啄木鸟的颜色是什么颜色的？

14. 什么是"鬼喷烟"？

15. 整个身材分成三样，头已经放在餐桌上，躯体躺在院子里，脚还在田地里。（谜语）

16. 扔了它的肉，吃下它的头，穿上它的皮。（谜语）

17. 身上带着剪刀，很像是裁缝；猪鬃随身带着，像个鞋匠。（谜语）

通告

寻找椋鸟

椋鸟不见了！白天，有时在田里和草地上，也能见到它们。晚上却不知它们去哪儿了。小椋鸟刚学会飞就抛弃了巢，再也没回来过。如有知道椋鸟在哪儿的，请告诉我们！

森林报编辑部

向读者问好

我们是从北冰洋沿岸和其他的小岛飞到这里来的。那里的许多海狮、白熊、海象、格陵兰海豹和鲸，都要求我们向读者问好。我们还可以把读者的问候，带给非洲狮子、河马、斑马、鳄鱼、鸵鸟、鲨鱼和长颈鹿。

飞到这里的游客：沙锥、野鸭和海鸥

第五次测验题

火眼金睛测试赛（五）

这是谁的影子

〔图1〕　　　　　　　　〔图2〕

〔图3〕　　　　　　　　〔图4〕

上面的 4 幅图中，哪一种是雨燕，哪一种是家燕？

如果你坐在空地上、田野里、山坡上或是河岸边上，太阳高高挂着，你的头顶有许多猛禽飞过，在地面上或河面上，它们的影子很快就掠过。

如果你的眼睛很锐利，已经看清楚了，你不用抬起头，根据掠过的影子，你就可以辨认出是哪一种猛禽。

这是一个快速掠过、浅淡的影子。翅膀比较窄，很像镰刀，尾巴比较长，且很圆。（图5）这是什么鸟呢？

这只鸟的影子和图5的很相像，它的影子稍微宽了一些，翅膀比较厚，尾巴很直。（图6）这是什么鸟儿呢？

（图5）

（图6）

这只鸟的影子比较大，翅膀更宽厚一些，尾巴很像扇子，又尖又圆。（图7）这是什么鸟呢？

影子也比较大，翅膀弯曲，尾巴尖，上面还有个缺口。（图8）这是什么鸟？

影子更大一些，翅膀折成了三角形，翅膀尖上好像是剪去了一点，尾巴两边成了直角。（图9）这是什么鸟？

（图7）

（图8）

影子非常大，翅膀也非常的宽大，翅膀尖像是伸开的五个手指。头和尾巴都比较小。（图10）这是什么鸟?

（图9）

（图10）

打靶场答案

第四场竞赛

1. 6月22日。这是一年中白天最长的。

2. 鱼。

3. 小老鼠。

4. 生活在沙滩上的鸥和沙锥。

5. 后脚。

6. 有5根刺。有3根在背上，2根长在肚子底下。我们这里还有9根刺的刺鱼。

7. 家燕的巢入口在顶部，毛脚燕的巢入口在旁边。

8. 因为巢里的蛋有人动过，这些鸟儿就会丢下这个巢。

9. 有。

10. 翠鸟。

11. 因为这些鸟儿把做巢的那棵树上的青苔，装饰在巢的外面，把巢伪装起来了。

12. 并非都是这样，有一些鸟（燕雀、金翅雀、柳莺）孵2次小鸟，还有一些鸟（麻雀、鸫鸟）一个夏天孵3次小鸟。

13. 有的。在长有青苔的沼泽里，生长着一种毛毡苔，它的叶子非常的黏，如果有蚊子、小飞蛾和其他昆虫落到上面，就会被它吃掉。在小河或湖泊中，生长着一种狸藻，它长有一个捕虫囊，如果小虫、小虾和小鱼钻了进去，就会被它捉住。

14. 银色水蜘蛛。

15．杜鹃。

16．黑云。

17．割草：割下草儿，堆成草垛。

18．麦穗。

第五场竞赛

1．在雏鸟还未出世之前，嘴巴上面长有一个硬疙瘩，雏鸟就是用这个东西啄破壳的。这个硬疙瘩被称为"啄壳齿"。雏鸟出生后，这个硬疙瘩自然就脱落了。

2．牛长有长长的尾巴。因为在吃草的时候，它可以用尾巴赶走令它反感的蚊子。如果牛没有了尾巴，就无法把牛虻和牛蝇赶走了，也就只能晃脑袋或是换到别处去，这样，它吃草就会变少。

3．因为这种蜘蛛的脚比较长，很容易折断。走路的动作，好像是在割草。

4．夏季，这个时候，雏鸟和无力的小鸟比较多。

5．鸟类。

6．许多昆虫都是这样的，如蝴蝶，它是先产下卵，由卵变成幼虫，再由幼虫变成蛹，最后由蛹变成蝴蝶。

7．因为鹅的羽毛上面被一层油脂覆盖着，所以，水落到了身上，就会滑下去。

8．因为狗没有汗腺，而马身上有。狗伸出舌头是为了更好地散热。

9．杜鹃的幼鸟。杜鹃产下了蛋以后，就把蛋放到别的鸟巢里，让其他的鸟来喂养。

10．歪脖鸟。

11．小白嘴鸦的嘴巴黑黑的，而老白嘴鸦的嘴巴是白色的。

12. 刺鱼。

13. 蜜蜂蛰了人后，就死去了。

14. 吃蝙蝠妈妈的奶。

15. 向着太阳，也就是正南方。

16. 雷和闪电。

17. 早上，亚麻开淡蓝色的小花，到中午的时候就谢了。

18. 红色的蘑菇，也就是牛肝菌。

19. 野蔷薇的浆果。

20. 蛙蛇。

21. 露水。

22. 蚂蚁。

23. 蜗牛。

24. 野蔷薇。

第六场竞赛

1. 鱼的体重刚好与自身排出的水量相等。

2. 蜘蛛在一旁埋伏着，用一只脚抓住绷紧的蜘蛛丝，丝的另一头粘在蜘蛛网上。如果有猎物落在了网上，蜘蛛网就会震动起来，那根绷紧的细丝也会震动，这样，蜘蛛也就知道有猎物落网了。

3. 蝙蝠。在我们这里，还有一种会飞的松鼠（鼯鼠），它可以飞出十几米远，它的脚趾间有一种薄膜。

4. 它们集体飞起来，大叫着，向猫头鹰冲过去，直到把它赶走。

5. 在秋天，天气晴朗的日子里，风会把蜘蛛丝吹起来，也会把身材较小的蜘蛛带到空中去。

6. 蜉蝣。

7．这些燕子一边飞行，一边捕捉小虫、蚊子和小昆虫。在晴朗的天气里，空气比较干燥，这些小昆虫就飞得很高。在潮湿的天气里，空气中的水分多，那些小昆虫就飞不高了。

8．天快要下雨了，鸡就会把尾骨腺分泌的油脂涂在羽毛上。尾骨腺在鸡的尾部。

9．在下雨前，蚂蚁就会藏进洞里去，把所有的洞口都堵上。

10．各种飞虫，如苍蝇、蜉蝣、河榧子。

11．熊。

12．在稀泥和污泥上，或在河岸、湖岸、池塘边。许多鸟儿飞到这里，它们都留下了脚印。

13．身上的羽毛是黑色的，而头部的冠毛是红的。

14．马勃菌的芽孢（bāo）。成熟的马勃菌，只要轻轻碰触，就会破裂，喷出一团烟雾，所以，都叫它"鬼喷烟"。

15．麦穗：麦秸秆在场地里，麦粉做的面包在餐桌上摆着，麦根留在了田地里。

16．大麻。用大麻皮可以搓成绳子，剥掉后的茎秆没有多大用途，也就扔掉了。它的头就是大麻籽，可以榨油。

17．虾。

"神眼"称号竞赛答案及解释

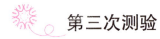
第三次测验

图1. 左边是啄木鸟的洞。请注意：在洞下面的地上，有许多的木屑，好像是刚锯下来的。这些木屑是啄木鸟在造房子时，用自己的嘴巴凿掉的。树干上非常干净，一点都没弄脏。啄木鸟非常爱干净，自己的家业整理得非常整洁。右边是椋鸟在树洞里孵出了雏鸟。树下没有新木屑，整个树干上全都是熟石灰一样的鸟屎。

图2. 是鼹鼠洞。鼹鼠生活在地下，夏天它会爬到离地面较近的地方，把那里的土扒得很松软，再堆成一个小土堆，自己就躲在里面不出来。

图3. 这是灰沙燕的地盘。它们在砂岩上挖洞，来建造自己的房子。有人认为，这是雨燕的洞，可是雨燕从不会在这样的洞里建房的。雨燕的房子建在顶楼上、钟楼上、较高的树洞里、岩石上和椋鸟巢里。

图4. 松鼠巢。它是用树枝搭建的，成一个圆形，里面铺上了一层青苔，有些青苔在外面露着。你看到外面有青苔，马上就知道了，这不是鸟巢。

图5. 左边是獾挖的洞，可是狐狸却住在里面。一看就知道，这是具有高水平的兽挖的，这个洞有好多个出入口，每一个都完好无损。可是洞口却有许多家鸡和琴鸡的骨头，啃过的兔子的脊梁骨。这些杂乱的东西，是狐狸吃剩下的。右边这个洞也是獾挖的，它就住在里面。獾是非常爱干净的野兽。在它居住的地方，没有一点脏的地方。它的食物是软体青蛙和嫩植物的根。

第四次测验

图 1．小䴙䴘（pì tī）

图 2．琴鸡妈妈

图 3．小野鸭

图 4．小琴鸡

图 5．红脚隼爸爸

图 6．小燕雀

图 7．燕雀爸爸

图 8．小红脚隼

图 9．野鸭爸爸

图 10．䴙䴘妈妈

请你按照下面的顺序对一下，你把雏鸟和它们的爸爸妈妈排列得是不是正确？下面是正确的排列：

琴鸡爸爸

图 4

图 2

野鸭妈妈

图 9

图 3

红脚隼妈妈

图 5

图 8

燕雀妈妈

图 7

图 6

鹛鹛爸爸

图1

图10

如果你的排列跟上面的相同，那么每一只流浪的雏鸟，都会有它的爸爸在左边，妈妈在右边。

 # 第五次测验

图1. 图2. 是灰沙燕和雨燕。在我们这里，雨燕是最大的一种，它的翅膀非常大，看上去很像镰刀。

图3. 图4. 是金腰燕和家燕，家燕的尾巴像两根小辫子。

图5. 是在空中飞着的红隼的影子。

图6. 是在空中飞着的老鹰的影子。

图7. 是在空中飞着的兀鹰（鹈鹕、秃头鹰）的影子。

图8. 是在空中飞着的黑鸢的影子。

图9. 是在空中飞着的河鹗的影子。

图10. 是在空中飞着的雕的影子。

请把这些鸟的影子画在笔记本上，并牢记它们。

重点：隼的翅膀是尖的，很像一把镰刀；老鹰的翅膀弯曲；兀鹰的尾巴比较尖，还有些圆；黑鸢的尾巴有个三角形的缺口；河鹗的翅膀成三角形状，尾巴比较直，好像是被砍了一段；雕的翅膀非常宽大，翅膀尖儿上的羽毛是分开的。